金属材料常识普及读本
第 2 版

主　编　陈　永
副主编　徐军福　李国立　冯纪东　黄智泉
参　编　徐向俊　潘继民　李军伟　张永生　尼军杰
　　　　杨　威　赵轩玮　蒋思涵　孙为云　霍方方
　　　　翟德铭　陈　光　李书珍　王朋旭　王鸿杰

机械工业出版社

本书系统地介绍了金属材料的基本知识,是一本学习金属材料知识的入门指导书。全书内容包括金属材料的发展历程与人类文化、金属材料的分类、金属材料的牌号、金属的晶体结构和组织、合金元素在金属中的作用、金属的冶炼、金属材料的成形方法、金属材料的热处理、金属材料的物理性能、金属材料的力学性能、金属材料的缺陷和无损检测、金属材料的理论质量计算方法、金属材料的交货状态和储运管理。本书用简洁、通俗易懂的语言和丰富的实物图片,对难于理解和记忆的金属材料知识进行了介绍,方便读者轻松阅读学习。

本书适合金属材料加工与应用领域的工人阅读使用,也可作为相关专业职业技术学校和技能培训鉴定机构师生的培训教材。

图书在版编目(CIP)数据

金属材料常识普及读本/陈永主编. —2 版. —北京:机械工业出版社,2016.6(2025.3 重印)

ISBN 978-7-111-53915-5

I. ①金… Ⅱ. ①陈… Ⅲ. ①金属材料—普及读物 Ⅳ. ①TG14-49

中国版本图书馆 CIP 数据核字(2016)第 117148 号

机械工业出版社(北京市百万庄大街 22 号 邮政编码 100037)
策划编辑:陈保华 责任编辑:陈保华 臧弋心 崔滋恩
版式设计:霍永明 责任校对:黄兴伟
封面设计:马精明 责任印制:常天培
北京机工印刷厂有限公司印刷
2025 年 3 月第 2 版第 13 次印刷
169mm×239mm · 16.75 印张 · 294 千字
标准书号:ISBN 978-7-111-53915-5
定价:39.00 元

凡购本书,如有缺页、倒页、脱页,由本社发行部调换

电话服务   网络服务

服务咨询热线:010-88361066   机 工 官 网:www.cmpbook.com

读者购书热线:010-68326294   机 工 官 博:weibo.com/cmp1952
              010-88379203

策 划 编 辑:010-88379734   金 书 网:www.golden-book.com

封面无防伪标均为盗版   教育服务网:www.cmpedu.com

前　言

《金属材料常识普及读本》自2011年5月出版以来，深受读者欢迎。但近年来，有关金属材料的知识不断地更新和扩展，第1版的内容有些已经不能满足读者的需求。为了与时俱进，满足读者需求，决定对《金属材料常识普及读本》修订后出版第2版。

本次修订内容包括：调整了章节结构，使之更适合读者阅读；对部分章节进行了内容更新和补充；修正了第1版中的错误。

本书介绍了金属加工与应用领域从业人员需要了解的最基本的金属材料知识。全书共13章，具体内容包括金属材料的发展历程与人类文化、金属材料的分类、金属材料的牌号、金属的晶体结构和组织、合金元素在金属中的作用、金属的冶炼、金属材料的成形方法、金属材料的热处理、金属材料的物理性能、金属材料的力学性能、金属材料的缺陷和无损检测、金属材料的理论质量计算方法、金属材料的交货状态和储运管理。书中简洁、通俗易懂的语言，丰富精美的实物图片，会让读者把学习变成一件轻松、开心的事。读者通过阅读本书，能够对金属材料的基本知识有一个整体、清晰的了解。

本书适合金属材料加工与应用领域的工人阅读使用，也非常适合没有任何专业基础的金属材料爱好者和刚刚接触金属材料领域的人员阅读自学，还可作为相关专业职业技术学校和技能培训鉴定机构师生的培训教材。

本书由郑州大学的陈永任主编，徐军福、李国立、冯纪东、黄智泉任副主编。参加编写工作的有：徐向俊、潘继民、李军伟、张永生、尼军杰、杨威、赵轩玮、蒋思涵、孙为云、霍方方、翟德铭、陈光、李书珍、王朋旭、王鸿杰。全书由陈永统稿，汪大经教授审稿。

在本书的编写过程中，参考了国内外同行的大量文献资料和相关标准，部分内容来自互联网（由于无法获知相关作者的信息，未在参考文献中注明），谨向有关人员表示衷心的感谢！由于编者水平有限，错误和纰漏之处在所难免，敬请广大读者批评指正；同时，我们负责对书中所有内容进行技术咨询和答疑。具体的联系方式如下：

联系人：陈先生；电话：13523499166；电子邮箱：13523499166@163.com；QQ：56773139。

编　者

目 录

第1章

金属材料的发展历程与人类文化

"横看成岭侧成峰"这句诗告诉了我们一个哲学道理:每一件事情从不同的角度看,就会有不同的结果。就人类历史而言,从科学的角度看,就是一部材料的进步发展史。材料是指人类用以制造各种有用器件的物质,它是人类生产和生活所必需的物质基础,而材料发展史更是成了人类进化史上的里程碑。由于材料的重要性,材料的发展水平和利用程度已成人类文明进步的标志,如我们所熟知的历史时代,就是根据人类在某个时期所使用的材料的特征来划分的,材料发展与人类社会的关系如图1-1所示。20世纪70年代,人们把材料、能源和信息并列称为现代文明的三大支柱,由此可见,材料在人类文明发展史上具有极其重要的地位。

图 1-1　材料发展与人类社会的关系

1.1　金属材料的发展历程

从人类历史的开端石器时代进入到金属材料时代,是人类历史上一次伟大的进步。据说人类最先使用的金属是青铜,至今已有5000年的历史了。

1.1.1　青铜器时代

青铜时代是人类利用金属的第一个时代,是以使用青铜器为标志的人类文明发展的一个阶段。从此,虽然石器没有完全被淘汰,但石器时代已经被青铜时代所代替。

我们俗话说的青铜是铜与锡或铅等形成的合金,熔点为 700~900℃,比纯铜的熔点(1083℃)低。锡质量分数为 10% 的青铜,硬度是纯铜的 5 倍左右,性能优良。俗语说的"三尺青锋"指的就是用青铜制造的宝剑,青锋剑。康有为曾用"千山风雨啸青锋"形容自己离京后仍大有可为,表明了自己面对巨大压力时一种从容不迫、坚定不移的品格。高纯度铜矿石如图 1-2 所示。

图 1-2　高纯度铜矿石

青铜的出现,对提高社会生产力起到了划时代的作用,中国是世界上发明青铜器最早的地区之一。那些隐埋于历史时光中的无名天才艺术家们,创造了我国青铜器萌生、发展和变化绵延 1500 多年(从夏初至战国末)的历史,包括青铜兵器(见图 1-3)、青铜礼器(见图 1-4)、青铜雕像(见图 1-5)、青铜纹饰(见图 1-6)、青铜铭文(见图 1-7)、青铜音乐(见图 1-8)和青铜钱币等。

图 1-3　青铜兵器

图 1-4　青铜礼器

图 1-5　青铜雕像

图 1-6　青铜纹饰

图 1-7　青铜铭文

图1-8　青铜音乐

1. 早期青铜器时代

年代为公元前2100至公元前1500。当时人类已经会使用火，在偶然的情况下，他们将色彩斑斓的铜矿石（孔雀石、蓝铜矿、黄铜矿、斑铜矿、辉铜矿等）扔进火堆里，由于矿石的多样性，这样就无意识地熔炼出了纯铜、青铜等金属。

2. 中期青铜器时代

年代为公元前15世纪至公元前11世纪，这个时期奴隶制进一步发展繁荣，青铜铸造工艺相当成熟，青铜器数量大增，此时我国青铜时代达到鼎盛时期，同时也是奴隶制发展的典型时期。这时的青铜文化以安阳殷墟为代表，这里当时是商王朝的政治统治中心，也是青铜铸造业的中心。俗话说"民以食为天"，当有了合适的材料后，人们最先想到的还是提高自己的生活水平，于是各种青铜质的饮食用具纷纷出现，但是体积大而制作精美的餐具那时候还是王侯之家的专属。"钟鸣鼎食之家"指的就是王侯之家，可见那时候鼎在人们心目中的地位。那个时期的青铜器风格凝重，纹饰以奇异的动物为主，形成狞厉之美，如著名的司母戊大方鼎（见图1-9）和四羊方尊（见图1-10）。据考古学者分析，四羊方尊是用两次分铸技术铸造的，即先将羊角与羊头单个铸好，然后将其分别配置在外范内，再进行整体浇注。整个器物用块范法浇注，一气呵成，鬼斧神工，显示了高超的铸造水平。很难想象，当年工匠们是怎样夜以继日地工作，凭借高超的铸造工艺，才将器物与动物形状结合起来，使之千年不朽的。

图1-9　司母戊大方鼎

图 1-10   四羊方尊

3. 晚期青铜器时代

年代为公元前 10 世纪至公元前 8 世纪，正是我国奴隶制社会逐渐走向衰落的阶段。当时青铜铸造工艺取得了突破发展，出现了分铸法、失蜡法等先进工艺技术。此时期的青铜器造型精巧生动，纹样精密，形成了装饰与观赏结合之美，如青铜神树（见图 1-11）。在青铜神树的枝干上可以清晰地看到用来垂挂器物的穿孔，因此青铜制作的发声器可以悬挂在铜树上。不难想象，3000 年前，当风吹过的时候，人们可以聆听到由青铜件的摇曳和碰撞奏出的音响，而那一阵阵清脆的声响足以证明了一个伟大的青铜时代在中国达到了顶峰。

1.1.2   铁器时代

当人们在冶炼青铜的基础上逐渐掌握了冶炼铁的技术之后，人类历史便步入了铁器时代。铁器时代是人类发展史中一个极为重要的时代。铁器坚硬、韧性高、锋利，其性能远胜过石器和青铜器。铁器的广泛使用，使人类的工具制造技术进入了一个全新的领域，生产力也因此得到了极大的提高。春秋战国时期，旧制度、旧统治秩序被破坏，新制度、新统治秩序在确立，新的阶级力量在壮大，而隐藏在这一过程中并构成这一社会变革的

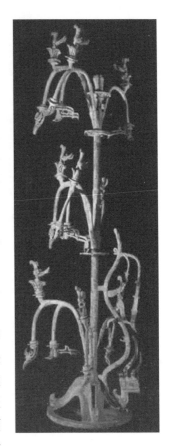

图 1-11   青铜神树

根源则是以铁器为特征的生产力的革命。生产力的发展最终导致了各国的变革运动和封建制度的确立，也导致了思想文化的繁荣。图 1-12 所示是春秋时期的铁箭头，图 1-13 所示是战国时期的凹形铁锄，铁器的使用促进了农耕时代的出现和发展，拥有大量土地成了一个人财富的标志，而我国历史上一个特定的名词"地主"也因此诞生了。图 1-14 ~ 图 1-19 所示分别是汉代的铁器、三国时期的铁器、唐朝的铁牛、宋代的铁狮、明代的铁钟和清代的铁炮。图 1-20 所示为《天工开物》上记载的著名的"风箱制铁法"。1978 年，在北京平谷区刘河村发掘的一座商代墓葬中，出土了许多青铜器，其中最引人注目的是一件古代铁刃铜钺（见图 1-21），经鉴定铁刃就是由陨铁锻制的。

图 1-12　春秋时期的铁箭头

图 1-13　战国时期的凹形铁锄

图 1-14　汉代的铁器

图 1-15　三国时期的铁器

图 1-16　唐朝的铁牛

图 1-17　宋代的铁狮

图 1-18　明代的铁钟

图 1-19　清代的铁炮

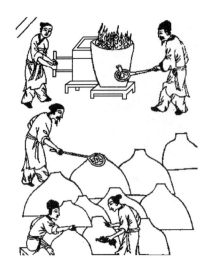 

图1-20　风箱制铁法　　　　　　　　　图1-21　铁刃铜钺

　　铁器的使用，导致了世界上一些民族从原始社会发展到奴隶社会，也推动了一些民族脱离了奴隶制的枷锁而进入了封建社会。

　　在自然界中，单质状态的铁（见图1-22）只能从陨铁（见图1-23）中找到，人类最早发现的铁就是从天空落下来的陨铁。陨铁中铁的质量分数很高，它是铁和镍、钴等金属的混合物。埃及人干脆把铁称为"天石"。陨铁可用于打造兵器，如图1-24所示就是采用纯陨铁材质、由祖传十六代铸剑师郑国荣主持铸造的"中华神剑"，如今已被赠予北京奥组委永久收藏。

图1-22　铁

　　有趣的是，铁虽然不是硬度最高的金属，但是人们总是喜欢用铁来形容各种人和事物的坚硬，如"铁肩担道义""铁人""钢铁战士""雄关漫道真如铁"等。

图 1-23　陨铁

图 1-24　中华神剑

1.1.3　钢铁时代

19 世纪中期，更高效的炼钢方法——转炉炼钢法的诞生，标志着早期工业革命的"铁时代"开始向"钢时代"的演变。转炉的出现使炼钢生产由手工业规模进入了机器大工业规模，在冶金发展史上具有划时代的意义。从那时起，钢铁成了最重要的结构材料，在国民经济中占有极其重要的地位，也是现代化工业中最重要和应用最多的金属材料。因此，人们常把钢的产量、品种及质量作为衡量一个国家工业、国防和科学技术发展水平的重要标志。

1.1.4　种类繁多的金属材料

人类文明的发展和社会的进步同金属材料关系十分密切，种类繁多的金属材料已成为人类社会发展的重要物质基础，包括各种钢、铁、铜、铝、镁、锌、钛、镍、铅、金、银、锡等。

在国民经济建设和人们日常生活中，金属材料无所不在，如空中的飞机、水中的轮船、地面的列车、钢架结构的建筑、工程机械和很多生活用品几乎都是用金属制造的，如图1-25所示。

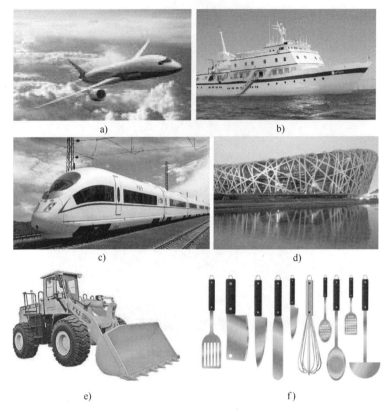

图1-25　金属材料制品

a）飞机　b）轮船　c）列车　d）国家体育场鸟巢　e）工程机械　f）生活用品

1.1.5　新型金属材料

1. 金属玻璃

说起金属的特点，跃入我们脑海的首先是坚硬、不透明，有时会生锈，甚至有时会断裂，而谈到玻璃，给人的感觉是易破碎、透明。大家也知道金属是晶体，玻璃是典型的非晶体，它们的原子排列方式如图1-26所示。金属玻璃，听上去就像是一个不可思议的东西，但是金属和玻璃这两种看似完全风马牛不相及的材料，却被科学家们神奇地联系在了一起。那么，又是什么手段使金属变成"玻璃"的呢？

1960年，美国科学家皮·杜威等首先发现金-硅合金等液态贵金属合金在冷却速度非常快的情况下，金属原子来不及按它的常规方式结晶，在它还处于不整齐、杂乱无章的状态时就被"冻结"了，成为非晶态金属。这些非晶态金属具有类似玻璃的某些结构特征，故称为金属玻璃（见图 1-27）。

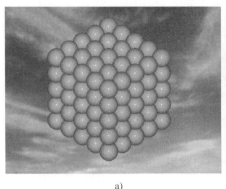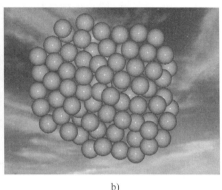

a)　　　　　　　　　　　　　　　　　　b)

图 1-26　金属与玻璃的原子排列方式

a）金属晶体　b）玻璃非晶体

　　金属和玻璃的最大差别是：金属在从液态冷却凝固的过程中有确定的凝固点，原子按一定的规律排列，形成晶体；而玻璃从液态到固态的转变是连续变动的，没有明确的分界线，即没有固定的凝固点。

　　用锤子砸晶体金属，它将吸收晶粒周围释放的能量。但是非晶态金属中的原子由于紧紧地"挤"在一起，在受到敲打时很易回复到原状，而且这种金属玻璃像液体一样的结构意味着它们

图 1-27　金属玻璃

的熔化温度很低，能够像塑料一样容易被加工成想要的形状。

　　那么这种金属玻璃有何特点呢？科学家们创造出来的这种匪夷所思的新材料又有何用处呢？

　　从青铜时代开始，人类在使用金属的几千年漫长的岁月中所见到的金属几乎都是晶体，它们均具有排列整齐的原子结构。金属晶体排列有缺陷的地方在一定的外力作用下常常会断裂，也就是我们通常所说的材料失效。其原因是连接两个晶粒的能量低于凝聚一个晶粒的能量，于是两个晶粒之间的间隙就形成了一个脆弱区，断裂和腐蚀就很容易从这里发生。这也正是材料的弱点所在，即一旦受到过大的外力，首先承受不了的就是晶粒结合部。而金属玻璃的原子排列是无序的，它没有特殊的薄弱环节，因此金属玻璃的强度比一般金属材料高得多，最高可达 3500MPa。更难能可贵的是，在其有如此高强度的同时，这

种材料还保持难以令人想象的韧性和塑性。所以，人们赞扬金属玻璃为"敲不碎，砸不烂的玻璃之王"。

另外，由于金属玻璃没有金属那样的晶粒边界，腐蚀剂无空子可钻，所以从根本上解决了金属晶界的腐蚀问题。金属玻璃的耐蚀性特别好，尤其是在氯化物和硫酸盐中的耐蚀性大大超过了现在广泛应用的不锈钢（它的耐蚀性甚至超过不锈钢100多倍），被人们誉为"超不锈钢"。

金属玻璃还具有很好的超导性和抗核辐射等难得的优良性能。单晶硅太阳能电池价格昂贵，如果将其用非晶硅（即硅金属玻璃）太阳能电池来代替，其价格就便宜多了，太阳能电池也就能更好地推广和普及了。非晶硅太阳能电池薄膜如图1-28所示。

航空航天技术中应用最多的是复合材料。复合材料是现代科学研究的热点。用金属玻璃代替硼纤维和碳纤维制造复合材料，

图1-28 非晶硅太阳能电池薄膜

会进一步提高复合材料的适应性。硼纤维和碳纤维复合材料的安装孔附近易产生裂纹，而金属玻璃在具有很高强度的情况下，仍保持金属塑性变形的能力，因此有利于阻止裂纹的产生和扩展。

用金属玻璃制作的美丽水果盘的造价却是一个天文数字。制造金属玻璃的关键是要以极高的冷却速度，即在0.001s的时间内把熔化的金属材料冷却为固体（这样的冷却速度等于在1s内把温度突然降低100万℃），因为只有达到这样的冷却速度，熔化的合金液体才来不及调整为晶体结构，突然被凝固成毫无秩序的固态。这个 1×10^6℃/s 的冷却速度，目前是现代科学研究的重点。

2011年，美国耶鲁大学材料科学家简·施罗斯带领的一支研究小组发现，块状金属玻璃能够随意排列原子，而不是像普通金属中的原子那样是有序的晶体结构，并且该合金材料能够像塑料一样随意地吹塑成普通金属无法实现的复杂外形且不失去金属的硬度和坚固度。这个发现使得人们对金属玻璃的认识又进了一步。

2. 金属橡胶

金属橡胶的出现是材料学上的一次革命，它为人类带来了新的曙光。有了这种既具备金属的特性又有橡胶伸缩自如特点的新材料，未来的飞机就可以拥有像鸟儿一样能根据需要改变形状的翅膀，使得飞行不仅更经济，而且更有效，更安全。

金属橡胶构件既具有金属的固有特性，又具有类似于橡胶一样的弹性，是天然橡胶的模拟制品。它在外力的作用下尺寸可以增大 2～3 倍，外力卸除后便可回复原状。这种材料在变形时仍能够保持其金属特征，具有毛细疏松结构，特别适合在高温、低温、大温差、高压、高真空、强辐射、剧烈振动及强腐蚀等环境下工作。

金属橡胶还可以作为减振材料和密封材料。它是以金属丝为原材料经过特殊工艺成形的构件，可以像普通橡胶那样，振动时吸收大量的能量，加入不同的金属还可以耐腐蚀且不易老化，是传统橡胶的最佳替代品。金属橡胶垫如图 1-29 所示。

图 1-29　金属橡胶垫

金属橡胶技术已广泛应用于国内外工业生产，特别是在减振、密封、吸声降噪等领域应用前景广阔。

金属橡胶内部由金属丝相互嵌合而成，在受到来自外部的振动冲击时，金属丝之间将会发生滑移，由此产生的摩擦力可以耗散振动或冲击能量。图 1-30 所示的用金属橡胶制成的履带既可以翻山涉水，又没有太大的振动。

图 1-30　金属橡胶制成的履带

　　金属橡胶材料与普通橡胶材料相比，其最大的特点是可以通过生产过程中工艺手段的不同来控制其弹性。金属橡胶密封结构类似蜂窝状密封结构，可以改善气流方向，密封效果十分理想。

　　金属橡胶材料从表到里都具有大量的互相连通的微孔和缝隙，具有透气性，属于多孔吸声材料，正好能满足人们吸声降噪的要求。当声波传入金属橡胶内部后，会引起孔隙中的空气产生振动并与金属丝发生摩擦，由于黏滞作用，声波转变为热能而消耗，因此可以达到吸收声音的效果。

　　尽管金属橡胶在可变形机翼飞机和机器触觉手套上已经开始应用，但它还是最有可能更多地出现在一些更低级、更实用的场合（如需要在极端条件下工作的柔性导电线圈等），利用它制造的便携式电子产品（如手机、掌上电脑）可以任你折腾，再也不用担心被摔坏啦！

3. 金属陶瓷

　　世界万物均有其两面性。陶瓷既耐高温硬度又高，但容易破碎；金属虽然延展性好，但没有陶瓷的硬度高。人类探索科学的动力是无穷的，为了使陶瓷既可以耐高温又不容易破碎，人们在制作陶瓷的黏土里添加金属粉，制成了金属陶瓷。

　　金属陶瓷是由陶瓷硬质相与金属或合金黏结相组成的结构材料，它保持了陶瓷的高强度、高硬度、耐磨损、耐高温、抗氧化和化学稳定等特性，同时还兼具金属良好的韧性和塑性。

　　根据各组成相所占的百分比不同，金属陶瓷分为以陶瓷为基质（陶瓷材料的质量分数大于50%）和以金属为基质（金属材料的质量分数不小于50%）两类。陶瓷基金属陶瓷主要有氧化物基金属陶瓷、碳化物基金属陶瓷、氮化物基金属陶瓷、硼化物基金属陶瓷和硅化物基金属陶瓷。金属基金属陶瓷主要有烧结铝、烧结铍和TD镍等。

　　金属陶瓷刀具具有高的硬度和耐磨性，在高速切削和干切削时都能表现出优异的切削性能。金属陶瓷刀头如图1-31所示。

　　金属陶瓷广泛应用于火箭、导弹和超音速飞机的外壳、燃烧室的火焰喷口等地方。图1-32所示的喷气发动机叶片就是用金属陶瓷制成的。

　　金属陶瓷复合涂层既有金属的强度和韧性，又兼有陶瓷的耐高温等优点，是一种优异的复合材料。内衬金属陶瓷复合管（见图1-33）具有比内衬陶瓷复合管更优异的性能，可以作为用于石

图1-31　金属陶瓷刀头

油或化工产物、半产物运输的抗腐蚀管道，也可作为用于矿山的抗磨管道或选矿厂的矿浆运输管道，还可用于多泥沙水的输水管道。

图 1-32　喷气发动机叶片

图 1-33　内衬金属陶瓷复合管

建材工业和采矿工业的大型粉碎机锤头和大桥桥梁基础设施的钻井钻头都需要采用高强度和高硬度的材料来制作，把高锰钢及硬质合金镶铸或焊接在耐磨构件的工作面上，其使用寿命比工业高锰钢同类产品提高 10 倍左右。

4. 金属纤维

现在有一种新型金属材料，称为金属纤维。一根头发丝粗细的金属纤维，竟然可以承受 1500N 的拉力，真是不可思议！

金属纤维是采用金属丝材经多次拉拔、热处理等特殊的加工工艺制成的纤维状材料。最细的纤维丝的直径可达 $1\mu m$，纤维强度高达 $1500 \sim 1800MPa$。金属纤维，顾名思义，就是不但具有金属材料本身固有的一切优点，还具有纤维（非金属）的一些特殊性能。由于金属纤维的表面积非常大，因而在抗辐射、隔声、吸声等方面应用广泛。

由于金属纤维的特点，在材料中添加适量的金属纤维就可以大大改善其性能。

例如，多国部队在1991年的海湾战争中大量使用了一种雷达敏感器。这种雷达敏感器含有一种将金属与有机纤维混合纺织在一起的金属纤维，该金属纤维具有能够反射电磁波的特性，并使得反射的雷达波能够完全被雷达敏感器发现。由于这种新型的雷达敏感器能够及时察觉到对方导弹的发射动向，因此有效地保护了多国部队的安全，使伊拉克发射的"飞毛腿"导弹仅有一颗击中多国部队，其余导弹全部未击中目标。这也直接影响了战争的最终结果。

如果将少量金属纤维与塑料纤维混合在一起制成布料（见图1-34），则其形成的屏蔽层既可阻碍电磁波的辐射，又可防止其他电磁波的干扰，从而达到保护人类健康的目的。将99.9%纯度的镍制成的直径8μm左右的金属纤维与高分子纤维混合纺织可制成一种新的布料，镍纤维混合纺织布料（见图1-35）。这种布料既具有美观的优点，又能满足使用对强度的要求。一般镍纤维质量分数为4%~5%就可以达到抑菌和抗辐射的效果。镍纤维可与麻、棉、丝和毛等多种纤维混合纺织，制成的布料对典型病菌的抑制率高达99%以上，主要用于制作病员服、医护人员抗辐射工作服、口罩、纱布、手套等。现在许多医院里都配备了这种外表美观大方，同时具有较强抗辐射性能的工作服，摒弃了以前工作服华而不实的缺点。据统计，使用该种工作服，使得我国医护人员被病菌感染的概率降低了70%，大大改善了医护人员的工作条件。

图1-34　金属纤维制成的布料

金属纤维毡具有耐高温性，同时它的高孔隙度和空隙曲折相连性还能改变声音的传播路径，并在传播中降低声音的能量，达到吸声和隔声的目的。因此，金属纤维毡在高温环境和噪声分贝较高的环境下，吸声效果比传统吸音材料强100倍以上。现在，许多汽车公司都在自己的主推品牌里使用了金属纤维，如宝马汽车公司在最新推出的概念汽车上采用了金属纤维布料作为车身表面，可以有效隔绝发动机和其他零部件运行产生的噪声，真正做到了赏心悦目。可以说，宝马又一次走在了汽车改革的前沿。

图 1-35　镍纤维混合纺织布料

金属纤维按材质不同，可分为不锈钢纤维、碳钢纤维、铸铁纤维、铜纤维、铝纤维、镍纤维和铅纤维等。按形状不同可分为长纤维、短纤维、粗纤维、细纤维和异型纤维等。

目前世界上生产的金属纤维中，钢纤维居多，应用也最广，其次是铝纤维、铜纤维和铸铁纤维。

钢纤维的常用截面为圆形，其直径为 0.2～0.6mm，长度为 20～60mm，主要作用是增强砂浆或混凝土的强度和韧性。为了增加纤维和砂浆或混凝土的界面黏结力，也可选用各种异形的钢纤维，如截面为矩形、锯齿形和弯月形等。

5. 泡沫金属

如果仔细研究化学元素周期表，就可以发现一个有趣的现象：密度小的金属的化学性质活泼（如锂、钠、镁等），密度大的金属的化学性质不活泼（如金、铂等）。

我们知道，许多应用场合都是在满足使用要求的前提下，尽量降低材料的质量，这样就可以大幅度地节约能源，保护环境。

随着航空航天工业和汽车等行业的迅猛发展，人们为了节省能源和各种费用，一直致力于用轻质且强度大的材料来代替传统材料。

这样就存在一个矛盾，即采用轻质金属虽然可以减小质量，降低能源消耗，但其化学性质太活泼，极易氧化或者燃烧，且强度较低，无法达到工程应用的目的。

美国有位叫科克斯的科学家突发奇思妙想：既然引起轻质金属发生化学反应的"罪魁祸首"是空气，那么，在真空中轻质金属会不会是很稳定的呢？果真如此的话，虽然这些轻质金属在地球上不能大量使用，但是在太空中却是大有用武之地的，因为那里是真空的！

许多小朋友都玩过吹肥皂泡的游戏，如果用小细管向肥皂水中吹气，则会产生大量的泡沫，小小的一滴肥皂水就可以变成大大的气泡。利用这个原理，1991年，科克斯在"哥伦比亚"号航天飞机上把锂、镁、铝等轻金属放在了一个石英瓶内，用太阳能将这些金属熔化成液体，再在熔化的金属中通入氢气，使金属产生了大量气泡，金属冷凝后就形成了到处是微孔的泡沫金属（见图1-36）。

图1-36　泡沫金属

泡沫金属中的泡沫结构能使材料的体积大大扩张，获得更大的横截面，因此用泡沫金属制造的飞行器可以把总质量降低一半左右。当泡沫金属承受压力时，由于气孔塌陷导致的受力面积增加和材料应变硬化效应，使得泡沫金属具有优异的冲击能量吸收特性。实验证明，用泡沫金属制成的轴比同样质量的实心轴的刚性高得多。

现在美国已经将这种泡沫金属应用在了最新的航天器——"好奇号"火星探测器（见图1-37）上。泡沫金属的应用对于航天探测事业起到了巨大的推动作用。

目前，美国正在致力于用轻质金属泡沫材料建造新一代的宇宙空间站，因为用这种泡沫金属建造的空间站除了质量小、强度大

图1-37　"好奇号"火星探测器

等优点之外，还可以在结束其使命重返地球时，在进入大气层的那一刻与空气剧烈燃烧，形成气体或者粉末，不至于留在宇宙空间中成为太空垃圾。

泡沫金属还是一种制造过滤器的理想材料。利用泡沫金属的通孔对流体介质中固体粒子的阻留和捕集作用，可以将气体或液体进行过滤与分离，从而达到介质的净化或分离作用，如从水中分离出油、从冷冻剂中分离水等。

多孔泡沫金属具有强大的能量吸收能力，利用它的弹性变形还可以吸收大部分冲击能量，如汽车的保险杠、航天器的起落架、各种缓冲器、矿冶机械的能量吸收衬层和汽车乘客座位前后的可变形材料等，采用较多的是铝制泡沫金属。

大家知道，声波是一种振动，当声音透过泡沫金属时，可在材料的多空结构内发生散射和干涉，使声能被材料吸收或被多孔结构阻挡，这样使泡沫金属又具有了一种神奇的吸声降噪功能。北京的地铁里就采用了泡沫金属隔声板。

6. 液态金属

提到液态金属，大家肯定会马上想到汞，也就是水银。汞是一种有毒的银白色重金属元素，它是常温下以液态存在的为数不多的纯金属，游离存在于辰砂、甘汞及其他几种矿物中。汞最常见的用途是制作汞温度计，这几乎是各家各户必备的体温检测用品。

20 世纪末，一个由美国考古队牵头的考古团来到了陕西省郦山脚下的秦始皇陵。考古学家在地宫表面检测出了大片的强汞区域，最终结论是：地宫里隐藏着大量的汞，而且汞的分布走向分明就是一幅大秦帝国的疆域版图！2003 年，中国国家考古队利用地球物理勘查技术，再次对秦始皇陵进行了勘查。在经过周密分析后考古学家们得出以下推论：地宫中的汞以百川、江河、大海为蓝本，汞藏量有 100t 之多。在世人逐渐认可了这一惊人的汞储量之后，人们纷纷猜测：这样巨大量的汞除了意指江河湖海，彰显秦始皇的旷世之举外，会不会还有其他的用途呢？

有人说汞是用来阻碍盗墓者和防腐、保护陵墓的工具，著名小说《盗墓笔记》里就有对使用汞来防止盗墓者践踏的描述。

上面提到的都是汞作为单质时的用途。实际上，在汞的总用量中，单质汞只占 30%，而化合物状态的汞用量占到了 70%。汞与硫的化合物硫化汞（俗称朱砂），是汞在自然界中存在的一种主要形式。

很多金属都能溶于汞形成汞齐，而形成汞齐的难易程度与金属在汞中的溶解度有关。元素周期表中的同族元素随原子序数的增加，在汞中的溶解度也增加。现已查明，铊在汞中的溶解度最大，铁在汞中的溶解度最小，因此常用铁来制作盛汞容器。而且除铁之外，几乎所有的金属都能形成汞齐。

古代炼金术士总是梦想把廉价的汞变成昂贵的金子，现在利用加速器已经可以达到这一目的，如图1-38所示。但即使花上一年的时间，这样做也只能得到0.00018g的金，并且试验的费用巨大，实在是得不偿失。

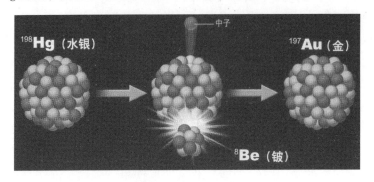

图1-38　汞变金

7. 超塑金属

很多人都曾经吃过拉面，也见过拉面的过程。一小块面从团状或者片状开始，随着厨师们双手的上下甩动，由一团变成了1根，再由1根变成2根、4根、8根……面的直径由胳膊粗变成了指头粗，再到头发丝细，整个过程一气呵成，而面却始终不断，真是技术高超！这就是生活中的超塑性的使用范例。

人类的想象是永无止境的，细心的科学家们想到了会不会存在像拉面一样由粗到细却从不断裂的超塑金属呢？

超塑性是一种奇特的现象，是指物体在一定的内部条件和外部条件下，呈现出异常低的流变抗力、异常高的流变性能的特性。换句话说，就是材料具有极大的伸长率，易变形，且不出现缩颈，也不会断裂。通常情况下，金属的伸长率不超过80%，而超塑性金属的伸长率可高达6000%，真是天壤之别！

1982年，英国物理学家森金斯做出了如下定义：凡金属在适当的温度下（大约相当于金属熔点温度的一半）的应变速度为10mm/s时产生本身长度3倍以上的伸长率，就属于超塑性。图1-39所示为超塑性金属积层造型。

在超塑性条件下，把脆性的铝合金材料压制成几十微米厚的薄片，再依次以薄片为基体敷以硼纤维和碳纤维，这样就可以综合基体材

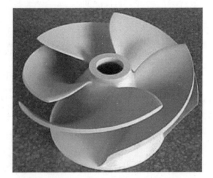

图1-39　超塑性金属积层造型

料和骨架材料的双重优点，制造出符合要求的超级材料。如果用这种材料来加强飞机上的衬板，不但可以使机翼的刚度提高，而且还能使其质量减轻。

超塑性对于纺织行业的发展同样起到了举足轻重的作用，利用铝锌合金的超塑性制造的金属槽筒（见图1-40），成功地代替了原有的胶木制槽筒，成为了纺织行业的首选产品，受到了纺织行业的广泛欢迎。

图1-40　超塑性合金槽筒

8. 哑巴金属

二胡声悠扬悦耳，笛子声清脆婉转，军号声激昂嘹亮，钢琴声令人心旷神怡，这些声音使我们的生活变得丰富多彩，而姑苏城外寒山寺半夜的钟声也给漂泊异乡的游子带来了无限的感慨。声音与我们的生活息息相关，如果没有了声音，人类就会进入因寂静而无法生存的世界。

随着我国人民生活水平的不断提高，音乐已成为人们生活中不可缺少的重要部分。我国著名音乐家冼星海曾经说过：“音乐是人生最大的快乐，音乐是生活中的一股清泉，音乐是陶冶性情的熔炉。”

但任何事物都有正反两方面的作用，声音也会给人带来烦恼和不便，因为除了美妙的音乐之外还有噪声，如图1-41所示。

大到飞机发动机的轰鸣、工厂大型设备刺耳的碰撞声，小到计算机风扇的转动声，这些噪声都会使我们不安、焦躁和精神疲惫，人们时时刻刻都遭受着噪声的骚扰。

声音来自于物体的振动，物体在振动的时候会在弹性介质中产生机械纵波，这种机械纵波就是我们常说的声波。如果声波的强

图1-41　生活中的噪声

度太大，大到刺耳的强度，或者不同的声波以不同的频率和不同的强度无规律地组合在一起，听起来就十分不和谐，也就是噪声了。

若要单纯追求好的音响效果，就需要采用塑料、橡胶等高分子材料来作为吸声和隔声材料，例如奥地利维也纳金色大厅的墙壁。

但高分子材料完全无法用在强度要求较高的场合，如汽车发动机、飞机的涡轮、工业生产中使用的机床等。因此，人们为了兼顾高强度和振动性能好这两方面的要求，开始研制减振、防振合金，也就是所说的"哑巴金属"。

据说，当初由于一块锰质量分数为80%的合金掉在地上，并未像普通金属一样发出很大的声音，因而引起了人们的兴趣。最终人们研制出了具有优异的减振性的锰铜合金，用锤敲打锰铜合金，如同敲打橡胶那样沉闷，即使用力把它摔在水泥地上，也只发出轻微的"噗噗"声。

虽然有些声音不是噪声，但在某些特殊的情况下，需要"此时无声胜有声"。如需要隐蔽性极强的潜水艇，如果用锰铜合金制造潜水艇的螺旋桨，则无论转速多高都不会发出很大声响，因此也就不易暴露目标，增加了潜水艇的隐蔽性。

锰铜合金还在传送机、锯床、高速钻床等机器的制造中大显身手，为城市和工业生产的降噪贡献力量。镶嵌了锰铜合金的锯床的声音可大大降低。

如果将来有一天，人们能够研制出低噪声车轮，并将其应用在列车上，则可使列车悄悄来，悄悄去，从而为降低城市噪声、维护宁静的生活环境立下汗马功劳。

9. 超导金属

超导是超导电性的简称，是指当温度下降至一定值时，某些物体的电阻突然趋近于零的现象。具有这种特性的金属称为超导金属。

由于超导金属具有零电阻和完全的抗磁性，因此只需消耗极少的电能就可以获得稳定的强磁场。超导金属可用于制造交流超导发电机，利用超导线圈磁体可以将发电机的磁场提高到 $5 \sim 6T$（$50000 \sim 60000Gs$）且没有能量损失，且单机发电容量比常规发电机提高 $5 \sim 10$ 倍，高达 $1MW$，而发电机的体积还可减少 $1/2$，整机质量减轻 $1/3$，发电效率提高 50%；也可用于磁流发电机，利用高温导电性气体作导体，并高速通过 $5 \sim 6T$（$50000 \sim 60000Gs$）强磁场来发电，而且这种发电机具有结构简单和高温导电性气体可重复利用的优点。超导输电线路利用超导导线和变压器可以几乎无损耗地输送电能，因此可以减少大量能耗，避免了能源的热损耗，有利于充分利用能源。超导金属在这些方面的应用是最诱人的。

超导金属在电子学方面可应用于超导计算机、超导天线、超导微波器件等。

高速计算机要求集成电路芯片上的元件和连接线密集排列，但密集排列的电路在工作时会产生大量的热，因此散热是超大规模集成电路面临的难题。而超导计算机中的超大规模集成电路，由于其元件间的互连线用接近零电阻和超微发热的超导器件来制作，因此不存在散热问题，同时计算机的运算速度还可大大提高。

超导磁悬浮列车是利用超导金属的抗磁性，将超导金属放在一块永久磁体的上方，由于磁体的磁力线不能穿过超导体，磁体和超导体之间会产生排斥力，使超导体悬浮在磁体上方。磁悬浮列车具有高速、低噪声、环保、经济和舒适等特点，是人们外出旅行的良好代步工具。

核聚变反应时，内部温度高达 1 亿 ~ 2 亿℃，没有任何常规材料可以包容这些物质。而超导体产生的强磁场可以作为"磁封闭体"，将热核反应堆中的超高温等离子体包围、约束起来，然后慢慢释放，因此受控核聚变能源成了 21 世纪前景广阔的新能源。

1.2　金属材料与人类文化

人类的进步和金属材料息息相关，从 5000 年前的青铜器、3000 年前的铁器，到现代的铝及当代的钛，它们在人类的文明进程中都扮演着重要的角色。金属活泼性与其被发现年代的关系如图 1-42 所示。

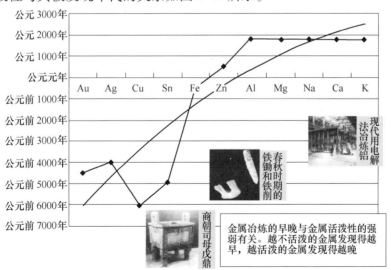

图 1-42　金属活泼性与被发现年代的关系

苏联在1957年把第一颗人造卫星（见图1-43）送入太空后，令美国人震惊不已，认识到了在导弹火箭技术上的落后。因此在其后的十年里，他们在十多所大学中陆续建立了材料科学研究中心，并把约2/3大学的冶金系或矿冶系改建成了冶金材料科学系或材料科学与工程系。可见，尖端技术需要先进材料的支持。

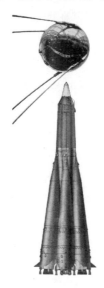

图1-43　苏联1957年发射的第一颗人造卫星及其运载火箭

所谓金属，是一种具有光泽（即对可见光强烈反射）、延展性好、容易导电和导热的物质，如图1-44所示。在自然界中，绝大多数金属以化合物的形式存在，少数金属（如金、铂、银）以单质的形式存在。

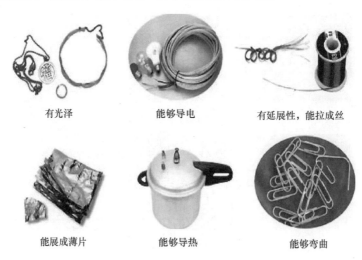

有光泽　　　　　　能够导电　　　　　　有延展性，能拉成丝

能展成薄片　　　　能够导热　　　　　　能够弯曲

图1-44　金属的特点

我国古代将金属分为五类，即金（俗称黄金）、银（俗称白金）、铜（俗称赤金）、铁（俗称黑金）和锡（俗称青金）五类金属，俗称五金。现在，人们已将五金引申为常见的金属制品，所以五金商店里销售的已不仅仅是这五种金属的产品了。

1.2.1　带金属偏旁的汉字

中国文化源远流长，而汉字则是其最集中的体现，可以说几乎所有的文化发展及流传都在汉字中有所体现。带金属偏旁的汉字有 200 多个，它们几乎都与金属材料有关系。

（1）表示金属材料种类的　金、银、铜、铁、钢、锡、锌、铝、镍、镁、钛、锰、钙、钠、钨、钒、钾、铅、钼、铬、镉、铌、锂、锆、铀、铟、铼、镓、镭、钽、铈、铊、钌、钛、钐、钉、钡、钫、钪、钚、钜、钦、钯、铂、铋、铍、铥、铱、铯、铷、铑、铒、铕、锑、锗、锇、锗、钋等。

（2）表示金属制作的器具的　钉、针、钎、钏、钗、钩、钥、钟、钣、钵、铃、钻、钳、铡、铲、铵、铐、铧、铰、链、铳、铠、锄、锁、锅、销、锉、锹、锤、锚、锯、锣、锟、锥、镐、锹、镜、镰、镫、镦、镗、镖、镧、锛、锭、镊等。

（3）形容金属制品的某种功能的　钓、钝、锋、铺、锈、镇、锐等。

（4）与金属制作有关的　铸、锻、镀、镏、铆、铣、镂、镌等。

1.2.2　人类所知的金属之最

1. 硬度最高的铬

铬是硬度最高的金属单质，其硬度约为 60HRC。它还有另一特性，耐腐蚀。1994 年，中国兵马俑二号坑开挖，坑中取出来一批秦朝青铜宝剑，锋利无比，它的剑锋在太阳光下银光闪闪，让人类对古人的聪明才智赞叹不已。这批宝剑上覆盖了一层金属铬，现在听起来可能并不算神奇，但说明几千年前我国人民就发现并使用铬了。虽然讲"宝剑锋从磨砺出"，但是如果没有铬的保护作用，过不了多久宝剑就会生锈变钝的。

从远古的冷兵器时代，到今天的宇宙飞船时代，许多产品都是通过镀铬来保护金属表面不被腐蚀的，在这方面铬可以说是"功勋累累"。

2. 硬度最低的铯

铯质地很软，它比石蜡还软，可以随意地切成各种形状。但铯单个原子的体积相对于其他材料却很大，铯的原子半径为 2.65×10^{-14} m。

金属铯具有活泼的个性，它本来披着一件漂亮的银白色"外衣"，可一与空气接触马上就变成了灰蓝色。如果把铯放到手心里，它很快会化成液体，在手心里滚来滚去，这是由于它的熔点非常低（28.5℃）的缘故。

3. 熔点最高的钨

金属钨的熔点最高，达3410℃。世界上开采出的钨矿，80%用于优质钢的冶炼，15%用于生产硬质钢，5%用于其他用途。钨可以制造枪械、火箭推进器的喷嘴、切削金属，是一种用途较广的金属，被称为"工业牙齿"和"工业食盐"。在1900年巴黎世界博览会上，首次展出了高速钢，这种钢的出现标志着金属切割加工领域的重大技术进步。因为其中含有重要的元素钨，从此钨的提取技术得到了迅猛发展。1928年以碳化钨为主成分研制出了硬质合金，硬质合金刀具的切削速度远远地超过了最好的工具钢刀具的切削速度，这是钨的工业发展史中一个重要阶段。

钨以钨丝、钨带和各种锻造元件用于电子管生产、无线电电子学和X射线技术中。钨是白炽灯丝和螺旋丝的最好材料，其耐高温和不易蒸发的特性可以有效地保证发光效率及灯丝寿命。

4. 熔点最低的汞

汞的熔点为－39℃，常温下是流动的液体。汞是唯一的液态金属，像流动的金属银，所以也叫水银。1911年，荷兰物理学家翁尼斯把汞冷却到－269℃时，首次发现了超导现象。由于其密度非常大，物理学家托里拆利利用汞第一个测出了大气压的准确数值。

在我们的日常生活中，有不少用品与汞有关。例如：各类荧光灯中都含有汞；一些暖水瓶为了减少热辐射外壁涂有汞；早期的镜子背面涂有汞；电脑显示器等电子产品中也含有一定量的汞。

5. 密度最大的锇

锇是密度最大的金属单质，其密度为22.59g/cm^3，相当于铁的3倍。铱是密度第二大的金属单质，密度为22.46g/cm^3，几乎与密度冠军锇相同。

铱的化学性质非常稳定，是目前已知最难腐蚀的金属，如果是致密状态的铱，即使是沸腾的王水，也不能腐蚀它。用质量分数10%的铱和质量分数90%的铂制成的铂铱合金可用来制作国际米尺标本，作为长度单位米的标准。

另外，将锇中加入一点铱就可制成锇铱合金。锇铱合金坚硬耐磨，可用来制作既硬又锋利的手术刀。铱金笔笔尖上那颗银白色的小圆点，就是锇铱合金。铱金笔尖之所以比普通的钢笔尖耐用，关键就在这个"小圆点"上。

6. 密度最小的锂

锂的密度非常小，仅为 $0.534g/cm^3$。把它扔在水里，就会像软木塞一样漂浮在水面上。另外它质地特别软，用小刀便可轻轻切开。锂暴露在空气中会慢慢失去光泽，表面变黑，若长时间暴露，最后会变为白色。锂单质的外表漂亮，呈银白色。锂非常活泼，常温下它是唯一能与氮气反应的碱金属元素。块状金属锂可以与水发生反应，粉末状金属锂与水接触即发生爆炸。

锂元素在地壳中的含量不算稀有，已知含锂的矿物有 150 多种，其中主要有锂辉石、锂云母和透锂长石等。海水、矿泉水和植物机体里，都含有丰富的锂元素。我国的锂矿资源丰富，江西宜春市的锂云母矿可供开采上百年，是举世闻名的"锂都"。

7. 延展性最好的金

金是金属中最富有延展性的一种，1g 金可以拉成长达 4000m 的金丝。金也可以捶打成比纸还薄的金箔，厚度可达 0.000002mm，看上去几乎透明，带点绿色或蓝色，而不是金黄色。金很柔软，容易加工，用指甲都可以在它的表面划出痕迹。

我国古代用黄金、白银、赤铜、青铅、黑铁这样的名字，鲜明地区别了各种金属在外观上的不同。

8. 导电导热性最好的银

纯银是一种美丽的白色金属。银在自然界中很少以单质状态存在，大部分是化合物状态。在所有金属中，银的导电性、导热性最高，延展性和可塑性也好，易于抛光和造型，还能与许多金属组成合金或假合金。

纯银又称纹银，目前现有的科学能够提炼的最高纯度为 99.999%（质量分数）以上，纯银一般是作为国家金库的储备物，所以纯银的银含量一般应不低于 99.6%（质量分数）。银含量大于等于 99%（质量分数）的白银，称作足银。

9. 人体中含量最高的钙

可以毫不夸张地讲，我国每一位电视观众，最耳熟能详的一句广告语是"要补钙"。那些铺天盖地的有关"钙"的宣传，占据了电视广告的大部分时间，这是因为人体中含量最高的元素是钙。

钙除了是骨骼发育的基本原料，直接影响身高外，还在体内具有其他重要的生理功能。钙也存在于血浆和骨骼中，并参与凝血和肌肉的收缩过程，对保证正常生长发育的顺利进行具有重要作用。"一杯牛奶强壮一个民族"，牛奶是优质的钙质来源，最简单的补钙方式就是多喝牛奶。

10. 地壳里含量最高的铝

铝在地壳中的含量仅次于氧和硅，居第三位，是地壳中含量最丰富的金属。铝少年得志，是因为19世纪初期，它刚被发现时，身价不菲，连黄金都比不过。1855年巴黎国际博览会上展出了一小块铝，它被放在最珍贵的珠宝旁边。俄国沙皇为了表彰门捷列夫对化学的杰出贡献，不惜重金制作了一只铝杯赠送给门捷列夫，以表彰其发现化学元素周期律的贡献。而法国皇帝拿破仑三世，为显示自己的富有和尊贵，命令官员给自己制造一顶比黄金更名贵的王冠——铝王冠。在举行盛大宴会时，只允许他一人使用铝质餐具，而其他人只能用金制或银制餐具。现在看起来是多么滑稽可笑。

1886年，化学家霍尔研究出了电解氧化铝的方法来制取单质铝，使铝的身价一落千丈，成为日常使用产量仅仅低于铁的第二大金属，这也说明铝的化学性质很活泼，不易提炼，所以迟迟才显露其庐山真面目。电解法生产铝可谓工业史上一个伟大的发明，如果科技不够发达，人们对铝的危害无法发现，且其他材料发展不快，说不定人类会继"青铜器时代"、"铁器时代"之后，进入一个"铝器时代"呢。

11. 地壳里含量最低的铼

地壳里含量最低的金属是铼，其元素丰度为5×10^{-10}。铼是一种真正的稀有元素。铼不形成固定的矿物，通常与其他金属伴生。

铼合金具有极高的强度，一根和头发差不多粗细的铼合金丝，可以承受7kg的质量。纯钨和纯钼在温度较低的情况下变得硬而脆，但加入铼后能够同时提高钨、钼的强度和塑性，人们把这种现象称为"铼效应"。现在的载人航天飞机上有许多零部件就是用钨铼合金和钼铼合金制造的。

12. 比强度（强度与密度的比值）最大的钛

金属钛的比强度（强度与密度之比）位于金属之首。钛最主要用于航空和宇航部门。与合金钢相比，钛合金可使飞机质量减轻40%。在其他方面，如制造人造卫星外壳、飞船蒙皮、火箭发动机壳体和导弹等，钛合金都可大显身手。

第2章

金属材料的分类

元素周期表里的 100 多种元素中，金属元素占了 3/4。虽然都是金属元素，但由于它们的原子结构不同，它们的性能也存在着很大的差异，密度、硬度、熔点等相差很大。

2.1　总分类

金属材料的分类方法有两种，一种是科学上的分类，另一种是工业上的分类。

2.1.1　科学分类

科学上的分类依据是元素周期表，如图 2-1 所示。在元素周期表中把金属按一定的规律分为碱金属、碱土金属、镧系元素、锕系元素等。

2.1.2　工业分类

工业分类的依据及类别见表 2-1。

表 2-1　工业分类的依据及类别

分类依据	类　　别
是否有铁	钢铁材料、非铁金属材料
颜色	黑色金属、有色金属
密度	重金属、轻金属
市场价值	贵金属、贱金属
储量	稀有金属、富有金属

钢铁材料也叫作黑色金属材料，属于贱金属，包括生铁、铁合金、铸铁、铸钢、结构钢、工具钢、不锈钢、耐热钢等。非铁金属材料也叫作有色金属材料，包括铝、镁、铜、锌、钛、镍、稀土金属、稀有金属、贵金属、半金属等。一般工业生产中金属材料的分类见表 2-2。

族\周期	I A	II A	III B	IV B	V B	VI B	VII B	VIII			I B	II B	III A	IV A	V A	VI A	VII A	0
1	1H 氢																	2He 氦
2	3Li 锂	4Be 铍											5B 硼	6C 碳	7N 氮	8O 氧	9F 氟	10Ne 氖
3	11Na 钠	12Mg 镁											13Al 铝	14Si 硅	15P 磷	16S 硫	17Cl 氯	18Ar 氩
4	19K 钾	20Ca 钙	21Sc 钪	22Ti 钛	23V 钒	24Cr 铬	25Mn 锰	26Fe 铁	27Co 钴	28Ni 镍	29Cu 铜	30Zn 锌	31Ga 镓	32Ge 锗	33As 砷	34Se 硒	35Br 溴	36Kr 氪
5	37Rb 铷	38Sr 锶	39Y 钇	40Zr 锆	41Nb 铌	42Mo 钼	43Tc 锝	44Ru 钌	45Rh 铑	46Pd 钯	47Ag 银	48Cd 镉	49In 铟	50Sn 锡	51Sb 锑	52Te 碲	53I 碘	54Xe 氙
6	55Cs 铯	56Ba 钡	La~Lu 镧系 57-71	72Hf 铪	73Ta 钽	74W 钨	75Re 铼	76Os 锇	77Ir 铱	78Pt 铂	79Au 金	80Hg 汞	81Tl 铊	82Pb 铅	83Bi 铋	84Po 钋	85At 砹	86Rn 氡
7	87Fr 钫	88Ra 镭	Ao~Lr 锕系 89-103	104Rf	105Db	106Sg	107Bh	108Hs	109Mt	110	111	112						

非金属　　金属

镧系	57La 镧	58Ce 铈	59Pr 镨	60Nd 钕	61Pm 钷	62Sm 钐	63Eu 铕	64Gd 钆	65Tb 铽	66Dy 镝	67Ho 钬	68Er 铒	69Tm 铥	70Yb 镱	71Lu 镥
锕系	89Ac 锕	90Th 钍	91Pa 镤	92U 铀	93Np 镎	94Pu 钚	95Am 镅	96Cm 锔	97Bk 锫	98Cf 锎	99Es 锿	100Fm 镄	101Md 钔	102No 锘	103Lr 铹

图 2-1　元素周期表

表 2-2　工业生产中金属材料的分类

类　别	金 属 名 称
黑色金属	铁、铬、锰
轻有色金属	指密度小于 4.5g/cm³ 的有色金属，包括铝、镁、钾、钠、钙、锶、钡
重有色金属	指密度大于 4.5g/cm³ 的有色金属，包括铜、铅、锌、镍、钴、锡、镉、铋、锑、汞
贵金属	指在地壳中含量少，开采和提取都比较困难，对氧和其他试剂稳定，价格比一般金属贵的有色金属。包括金、银、铂、钯、铑、铱、钌、锇
稀有金属	指在地壳中分布不广，开采冶炼较难，在工业应用较晚。包括钨、钼、钒、钛、铼、钽、锆、镓、铟、锗、锂、铍、铷、铯、铪、铌、铊
半金属	指物理化学性质介于金属和非金属之间的物质，包括硅、硒、碲、砷、硼

2.2　钢铁材料

2.2.1　铁

铁是最常用的金属，密度为 7.87g/cm³，熔点为 1536℃，沸点为 3070℃。铁有很强的磁性、良好的变形能力及导热性。铁比较活泼，在金属活动顺序表里排在（H_2）的前面。铁在干燥空气中很难与氧气反应，但在潮湿空气中很容易被腐蚀，若在酸性气体或卤素蒸气氛中腐蚀更快。铁易溶于稀的无机酸和浓盐酸，会生成二价铁盐，并放出氢气。铁在常温下遇浓硫酸或浓硝酸时，表面会生成一层氧化物保护膜，使铁"钝化"，故可用铁制品盛装浓硫酸或浓硝酸。

铁矿物种类繁多，目前已发现的铁矿物和含铁矿物有 300 余种，其中常见的有 170 余种。但在当前技术条件下，具有工业利用价值的主要是磁铁矿、赤铁矿、磁赤铁矿、钛铁矿、褐铁矿和菱铁矿等。

铁是世界上发现最早、利用最广、也是用量最多的一种金属，其消耗量约占金属总消耗量的 95%。铁矿石主要用于钢铁工业冶炼碳含量不同的生铁（碳的质量分数一般在 2% 以上）和钢（碳的质量分数一般在 2% 以下）。生铁通常按用途不同分为炼钢生铁、铸造生铁和合金生铁。钢按组成元素不同分为碳素钢和合金钢。此外，铁矿石还用作合成氨的催化剂、天然矿物颜料（如赤铁矿、镜铁矿和褐铁矿）等，但用量很少。钢铁制品广泛用于国民经济各部门和人民生活各个方面，是社会生产和公众生活所必需的基本材料。自从 19 世纪中期发明转炉炼钢法实现钢铁工业大生产以来，钢铁一直是最重要的结构材料，在国民经济中占有极其重要的地位，是现代化工业最重要和应用最多的金属材料。所以，人们常把钢铁的产量、品种、质量作为衡量一个国家工业、国防和科学技术发展水平的重要标志。

2.2.2　生铁

生铁是碳的质量分数大于2%的铁碳合金，工业生铁中碳的质量分数一般在2.5%～4%，并含有硅、锰、硫、磷等元素，是用铁矿石经高炉冶炼的产品。生铁按用途不同分为炼钢生铁和铸造生铁。

1）炼钢生铁是炼钢的主要原料，在生铁产量中占80%～90%。炼钢生铁硬而脆，断口呈白色，也叫白口铸铁。炼钢生铁一般硅含量较低，硫含量较高。

2）铸造生铁是指用于铸造各种铸件的生铁，俗称翻铁砂，在生铁产量中占10%左右，是炼钢厂的主要商品铁。铸造生铁断口呈灰色，所以也叫灰铸铁。铸造生铁一般硅含量较高，硫含量较低。

2.2.3　铁合金

铁合金是铁与一种或几种元素组成的合金，主要用于钢铁冶炼。在钢铁工业中一般还把所有炼钢用的合金，不论含铁与否（如硅钙合金）都称为铁合金。

作为炼钢过程中的脱氧剂、合金剂的铁合金是炼钢和铸钢的重要原料，可以改善钢的理化性能和铸件的力学性能。

1. 脱氧剂

炼钢时所添加的一些与氧结合力比较强，且其氧化物又能顺利地从钢液中排除以降低钢液中的氧含量的金属称为脱氧剂。常用的脱氧剂有硅铁、锰铁、铝铁、硅钙铁、硅锰铁、硅钡铁和硅铝铁等。

2. 合金剂

在钢中加入各种铁合金可以调整其化学成分，生产出各种新金属材料。常用的合金剂主要有铬铁、钼铁、钨铁、钛铁、铌铁、钒铁和镍铁等。

2.2.4　铸铁

铸铁与生铁的区别是进行了二次加工，即铸铁是将铸造生铁在炉中重新熔化，并加入铁合金、废钢进行成分调整而得到的。铸铁中碳的质量分数大于2.11%。铸铁具有许多优良的性能且生产简便、成本低廉，是应用最广泛的材料之一。

1. 按断口颜色分类

铸铁按断口颜色不同可分为灰铸铁（见图 2-2a）、白口铸铁（见图 2-2b）和麻口铸铁（见图 2-2c）。

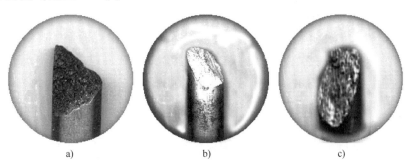

a) b) c)

图 2-2 铸铁断口
a）灰铸铁 b）白口铸铁 c）麻口铸铁

（1）灰铸铁 灰铸铁的大多数力学性能指标远低于钢，但抗压强度与钢相当，具有良好的铸造性能、减振性能、耐磨性能和切削加工性能，以及低的缺口敏感性，可用来生产一些强度要求不高、主要承受压力的箱体或底座等，如图 2-3 所示。

图 2-3 底座

（2）白口铸铁 白口铸铁是不含石墨的铸铁，其几乎全部的碳都与铁形成碳化铁 Fe_3C，渗碳体，具有很高的硬度和脆性，不能承受冷加工，也不能承受热加工，只能直接用于铸造状态，是一种良好的耐磨材料，可在磨损条件下工作。白口铸铁包括普通白口铸铁、低合金白口铸铁、中合金白口铸铁和高合金白口铸铁。我国早在春秋时代就能生产耐磨性良好的白口铸铁，用来制作一些耐磨零件。白口铸铁一般用在犁铧、磨片、导板和泵设备等方面。

（3）麻口铸铁 麻口铸铁又称斑铸铁，是介于白口铸铁和灰铸铁之间的一种铸铁，其断口呈灰白相间的麻点状。由于麻口铸铁性能不好，故应用较少。

2. 按化学成分分类

铸铁按化学成分不同，可分为普通铸铁与合金铸铁两类。

（1）普通铸铁 普通铸铁是指不含合金元素的铸铁，一般常用的灰铸铁、可锻铸铁和球墨铸铁等都属于这一类铸铁。

（2）合金铸铁　合金铸铁是指在普通铸铁内有意识地加入一些合金元素，以提高铸铁某些特殊性能而配制成的一种高级铸铁，如具有各种耐蚀、耐热和耐磨性能的铸铁。

3. 按生产方法和组织性能分类

铸铁按生产方法和组织性能不同可分为灰铸铁、孕育铸铁、可锻铸铁、球墨铸铁和特殊性能铸铁。

（1）灰铸铁　灰铸铁具有一定的强度、硬度，良好的减振性和耐磨性，高导热性，好的抗热疲劳能力，同时还具有良好的铸造工艺性能和优异的切削加工性能，生产简便，成本低，在工业和民用生活中得到了广泛的应用。

（2）孕育铸铁　孕育铸铁是铁液经孕育处理后获得的亚共晶灰铸铁。这种铸铁的强度、塑性和韧性均比灰铸铁要好得多，主要用来制造力学性能要求较高，且截面尺寸变化较大的大型铸铁件。

（3）可锻铸铁　也叫韧性铸铁。它的名字很奇怪，虽然名曰"可锻"，但这种铸铁却不可锻造，一般是由白口铸铁经退火而成，只是比灰铸铁具有更高的韧性，用于制造形状复杂且承受振动载荷的薄壁小型件，如汽车和拖拉机的前后轮壳、低压阀门、管接头（见图2-4）等。

图2-4　可锻铸铁管接头

（4）球墨铸铁　球墨铸铁和钢相比，除塑性、韧性稍低外，其他性能均接近，是兼有钢和铸铁优点的优良材料。

（5）特殊性能铸铁　特殊性能铸铁是一些具有某些特性的铸铁，根据用途的不同，可分为耐磨铸铁、耐热铸铁和耐蚀铸铁等。

4. 按碳在铸铁中存在的状态分类

按碳在铸铁中存在的状态的不同，可将铸铁分为白口铸铁、灰铸铁、可锻铸铁、球墨铸铁和蠕墨铸铁。

1）白口铸铁中的碳不以石墨形式存在，断口呈亮白色，硬而脆。

2）碳以石墨形式存在的有灰铸铁、可锻铸铁、球墨铸铁和蠕墨铸铁。灰铸铁中石墨以片状形式存在，如图 2-5a 所示；可锻铸铁中石墨以团絮状形式存在，如图 2-5b 所示；球墨铸铁中石墨以圆球状形式存在，如图 2-5c 所示；蠕墨铸铁中石墨以蠕虫状形式存在，如图 2-5d 所示。

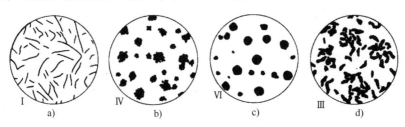

图 2-5　铸铁中的石墨形式

a）片状　b）团絮状　c）圆球状　d）蠕虫状

2.2.5　钢

钢是碳的质量分数为 0.04%～2.11% 的铁碳合金，其碳的质量分数一般不超过 1.7%。钢的分类方法很多，一般可按品质、用途、化学成分、制造加工形式和冶炼方法进行分类。

1. 按品质分类

钢按品质不同可分为普通钢、优质钢和高级优质钢。

（1）普通钢　普通钢中含有杂质较多，其中磷和硫（有害元素）的质量分数最高可达 0.07%，主要用于制作建筑结构和要求不太高的机械零件。

（2）优质钢　优质钢含杂质元素较少，其中磷和硫的质量分数最高为 0.04%，主要用于制作机械结构零件和工具，如轴承、弹簧等，如图 2-6 所示。

图 2-6　优质钢制造的零件

a）轴承　b）弹簧

（3）高级优质钢　高级优质钢含杂质元素极少，其中硫和磷的质量分数均少于 0.03%，主要用于制作重要机械结构零件和工具。为了区别于一般优质钢，这类钢的钢号后面通常加字母 A 或汉字高以便识别。

2. 按用途分类

钢按用途不同分为结构钢、工具钢、特殊钢和专业用钢。

（1）结构钢　结构钢又分为建筑及工程用结构钢和机械制造用结构钢。建筑及工程用结构钢是用于建筑、桥梁、锅炉或其他工程上制造金属结构件的钢，多为低碳钢。由于大多要经过焊接施工，故其碳含量不宜过高。机械制造结构钢用于制造机械设备上的结构零件，基本上都是优质钢和高级优质钢。

（2）工具钢　工具钢是用于制造工具的钢，可制造刀具、模具、量具、钻头、手工工具和锯片等，如图 2-7 所示。

图 2-7　工具钢制造的各种工具

（3）特殊钢　特殊钢指用特殊方法生产，具有特殊物理性能、化学性能和力学性能的钢，主要包括不锈耐酸钢、耐热不起皮钢、高电阻合金钢、耐磨钢和磁钢等。

（4）专业用钢　专业用钢指各工业部门具有专业用途的钢，如农机用钢、机床用钢、汽车用钢、航空用钢、锅炉用钢、电工用钢和焊条用钢等。

3. 按化学成分分类

钢按化学成分不同分为碳素钢和合金钢。

1）碳素钢是指碳的质量分数不大于 2%，并含有少量锰、硅、硫、磷和氧等杂质元素的铁碳合金。按碳含量的不同又分为四类：①工业纯铁，是指碳的质量分数不大于 0.04% 的铁碳合金；②低碳钢，是指碳的质量分数在 0.04% ～

0.25% 的铁碳合金；③中碳钢，是指碳的质量分数在 0.25% ~ 0.60% 的铁碳合金；④高碳钢，是指碳的质量分数在 0.6% ~ 2.0% 的铁碳合金。

2）合金钢是在碳素钢的基础上，为改善钢的性能，在冶炼时加入一些合金元素（如铬、镍、钼、钨、钒和钛等）炼成的钢。按合金元素的总含量不同可分为三类：①低合金钢，是指合金元素的总质量分数不大于 5% 的钢；②中合金钢，是指合金元素的总质量分数在 5% ~ 10% 的钢；③高合金钢，是指合金元素的总质量分数大于 10% 的钢。

4. 制造加工形式分类

钢按制造加工形式的不同分为铸钢、锻钢、热轧钢、冷轧钢和冷拔钢等。

（1）铸钢 指用铸造方法生产出来的一种钢。碳的质量分数为 0.15% ~ 0.6%，随着碳含量的增加，铸造碳钢的强度增大，硬度提高。铸造碳钢具有较高的强度、塑性和韧性，成本较低，在重型机械中用于制造承受大负荷的零件，如轧钢机机架、水压机底座等。在铁路车辆上用于制造受力大又承受冲击的零件，如摇枕（见图 2-8）、侧架和车轮等。

图 2-8 铸钢制造的摇枕

（2）锻钢 指采用锻造方法生产出来的各种锻件。其质量比铸钢件高，能承受较大的冲击力，用于制造一些重要的机器零件，如大型阀门（见图 2-9a）、法兰（见图 2-9b）等。

（3）热轧钢 指用热轧方法生产出的各种钢材。热轧钢常用于生产型钢、钢管、钢板等。

（4）冷轧钢 指用冷轧方法生产出的各种钢材。与热轧钢相比，冷轧钢的特点是表

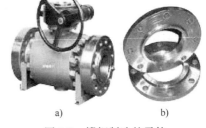

a) b)

图 2-9 锻钢制造的零件

a）阀门 b）法兰

面光洁、尺寸精确、力学性能好，常用来轧制薄板、精密钢带和精密钢管。

（5）冷拔钢 指用冷拔方法生产出的各种钢材。冷拔钢的特点是精度高、表面质量好，主要用于生产钢丝。

5. 按冶炼方法分类

钢按冶炼方法不同分为沸腾钢、镇静钢、半镇静钢和特殊镇静钢。

（1）沸腾钢 指脱氧不完全的钢。钢在冶炼后期不加脱氧剂，导致钢液中氧含量较高（氧的质量分数为 0.02% ~ 0.04%），并在锭模中发生强烈反应生

成一氧化碳气泡，造成浇注时钢液在钢锭模内产生沸腾现象，气体逸出。钢锭凝固后，蜂窝气泡分布在钢锭中，在轧制过程中这种气泡空腔会被粘合起来。沸腾钢的优点是钢的收缩率高，生产成本低，表面质量和深冲性能好；缺点是钢的杂质多，成分不均匀。广泛应用于一般建筑工程。

（2）镇静钢　指炼钢时采用锰铁、硅铁和铝锭等作脱氧剂，脱氧进行较完全的钢。浇注时钢液很平静，没有沸腾现象。镇静钢的生产虽成本较高，但其组织致密、成分均匀、性能稳定，适用于预应力混凝土等重要的结构工程。

（3）半镇静钢　指脱氧介于沸腾钢和镇静钢之间的钢。浇注时钢液的沸腾现象较沸腾钢弱，生产很难控制，在钢产量中所占比例很小。

（4）特殊镇静钢　比镇静钢脱氧程度还要充分彻底的钢，故其质量最好，适用于特别重要的结构工程。

镇静钢、半镇静钢、沸腾钢的特征如图 2-10 所示。

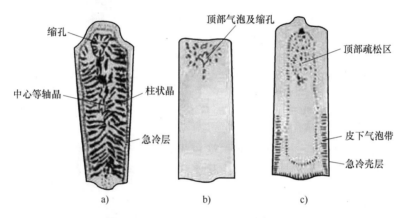

图 2-10　镇静钢、半镇静钢、沸腾钢的特征
a）镇静钢　b）半镇静钢　c）沸腾钢

2.2.6　常用钢材分类

常用钢材分类见表2-3。

表 2-3　常用钢材分类

序号	分类	说　明
1	型钢	按断面形状分圆钢、扁钢、方钢、六角钢、八角钢、角钢、工字钢、槽钢、丁字钢、乙字钢等
2	钢板	1）按厚度分厚钢板（厚度 >4mm）和薄钢板（厚度 ≤4mm） 2）按用途分一般用钢板、锅炉用钢板、造船用钢板、汽车用厚钢板、一般用薄钢板、屋面薄钢板、酸洗薄钢板、镀锌薄钢板、镀锡薄钢板和其他专用钢板等

（续）

序号	分类	说　　明
3	钢带	按交货状态分热轧钢带和冷轧钢带
4	钢管	1）按制造方法分无缝钢管（有热轧、冷拔两种）和焊接钢管 2）按用途分一般用钢管、水煤气用钢管、锅炉用钢管、石油用钢管和其他专用钢管等 3）按表面状况分镀锌钢管和不镀锌钢管 4）按管端结构分带螺纹钢管和不带螺纹钢管
5	钢丝	1）按加工方法分冷拉钢丝和冷轧钢丝等 2）按用途分一般用钢丝、包扎用钢丝、架空通信用钢丝、焊接用钢丝、弹簧钢丝、琴钢丝和其他专用钢丝等 3）按表面情况分抛光钢丝、磨光钢丝、酸洗钢丝、光面钢丝、黑钢丝、镀锌钢丝和其他金属钢丝等
6	钢丝绳	1）按绳股数目分单股钢绳、六股钢绳和十八股钢绳等 2）按内芯材料分有机物芯钢绳和金属芯钢绳等 3）按表面状况分不镀锌钢绳和镀锌钢绳

2.2.7　钢材的十五大类

钢材十五大类目录见表2-4。

表2-4　钢材十五大类目录

序号	类　　别	品　种　规　格
1	重轨	每米质量大于24kg/m
2	轻轨	每米质量不大于24kg/m
3	其他钢材	鱼尾板、垫板、车轮坯、锻件坯、车轮、轮箍、法兰（直径为700～2100mm）、盘件（直径为300～500mm）、坯件（最大尺寸为600～2100mm）、钢球
4	大型型钢	1）圆、方、六角、八角钢：对边≥81mm 2）扁钢：宽度≥101mm 3）工字钢、槽钢：高度≥180mm 4）角钢：等边，边宽≥150mm；不等边，边宽≥150mm×100mm 5）异型钢：18号异型槽钢
5	中型型钢	1）圆、螺纹、方、六角、八角钢：对边宽38～80mm 2）扁钢：宽度60～100mm 3）工字钢、槽钢：高度＜180mm 4）角钢：等边，边宽50～149mm；不等边，边宽40mm×60mm～99mm×149mm 5）异型钢：10号斜腿槽钢
6	小型型钢	1）圆、方、螺纹、六角、八角钢：对边10～37mm 2）扁钢：宽度≤59mm 3）角钢：等边，边宽20～49mm；不等边，边宽20mm×30mm～39mm×59mm 4）异型钢：磁极钢、小槽钢等

（续）

序号	类 别	品 种 规 格
7	线材	1）盘条：直径6～9mm 2）其他：优质盘条、电焊盘条等
8	中厚钢板	厚度大于4mm，包括普通中板和优质中板，如造船、汽车、锅炉等用的中板
9	薄板	厚度不大于4mm，包括普通薄板、优质薄板和镀层薄板、黑铁皮、马口铁等
10	硅钢片	1）电动机硅钢片，分冷轧、热轧 2）变压器硅钢片0.35mm、0.50mm，分冷轧、热轧
11	钢带	1）普通钢带、优质钢带，分冷轧、热轧 2）镀锡钢带、打包铁皮等
12	优质钢材	1）碳素结构钢、碳素工具钢、弹簧钢、合金结构钢、高速工具钢、不锈钢等。分圆、方、六角、扁、异型材 2）冷拉优质钢 3）高温合金 4）精密合金
13	无缝钢管	热轧、冷轧、冷拔的无缝管及镀锌无缝管，包括一般锅炉、合金、不锈钢、渗铝无缝管、石油用无缝管、地质用无缝管、异型断面管及其他用管
14	焊接钢管	一般焊管、镀锌焊管、电线套管、薄壁管、异型管、螺旋焊管、波纹管、吹氧管等
15	金属制品	1）钢丝绳 2）钢绞线 3）钢丝 4）铁丝、镀锌铁丝、通信铁丝、黑铁丝

2.3　有色金属材料

有色金属材料包括铜及铜合金、铝及铝合金、镁及镁合金、钛及钛合金、锌及锌合金和铅及铅合金等。相对于黑色金属材料，有色金属材料具有许多优良的特性，在工业领域尤其是高科技领域具有极其重要的地位。

2.3.1　铜

铜是人类最早发现的金属之一，早在三千多年前人类就开始使用铜。铜的相对原子质量为63.54，密度为8.92g/cm³，熔点为1083℃，沸点为2567℃。

当人们有了长期用火，特别是制陶的丰富经验后，也为铜的冶炼准备了必要的条件。1933年，在河南省安阳县殷墟发掘中，发现了质量达18.8kg的孔雀石（见图2-11），直径在35mm以上的木炭块、炼铜用的将军盔以及重21.8kg的煤渣。这说明3000多年前，我国古代劳动人民就已经掌握了从铜矿中冶炼铜的技能。

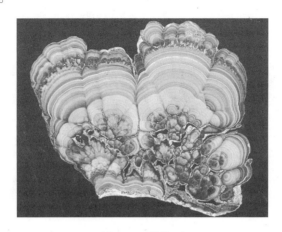

图 2-11　孔雀石

　　从商周时代起，古人就会用青铜磨光做成镜子，出土的青铜镜光亮照人，背面雕有精美纹饰。不禁让人联想起古人"当窗理云鬓，对镜贴花黄"的情形。

　　铜冶炼技术的发展经历了漫长的过程，但至今铜的冶炼仍以火法冶炼为主，其产量约占世界铜总产量的 85%。铜的火法冶炼一般是先将含铜原矿石通过选矿得到铜精矿，在密闭鼓风炉、电炉中进行熔炼，产出的熔锍送入转炉吹炼成粗铜，再在反射炉内经过氧化、精炼、脱杂，或铸成阳极板进行电解，获得质量分数高达 99.9% 的电解铜。该流程简短、操作方便，铜的回收率可达 95%。但因矿石中的硫在造锍和吹炼两阶段作为二氧化硫废气排出，不易回收，易造成污染。

　　铜是与人类关系非常密切的有色金属材料，被广泛应用于电气、电子、机械制造、建筑和国防等工业领域。铜及其合金的消费量仅次于钢铁和铝。

　　铜及铜合金包括纯铜、黄铜、青铜和白铜，后三者又称为杂铜，生产成本比纯铜低。

1. 纯铜

　　顾名思义，纯铜就是纯净的铜，纯铜是玫瑰红色金属，表面形成氧化铜膜后呈紫色。

　　纯铜是一种坚韧、柔软、富有延展性、呈紫红色而有光泽的金属。铜具有许多可贵的物理化学特性，其热导率很高、化学稳定性强、抗拉强度大、易熔接、且耐蚀性，可塑性、延展性好。1g 的铜可以拉成 3000m 长的细丝，或压成 10m² 以上几乎透明的铜箔。纯铜的导电性和导热性很高，仅次于银，但铜比银要便宜得多。

　　纯铜分为普通纯铜、无氧铜、磷脱氧铜和银铜四类。纯铜产品如图2-12所示。

图2-12　纯铜产品

2. 黄铜

　　黄铜一词最早见于西汉东方朔所撰的《申异经·中荒经》："西北有宫，黄铜为墙，题日地皇之宫。"

　　向紫色的纯铜中加入锌，就会使铜的颜色变黄，称为黄铜，所以黄铜的主要成分是铜和锌。黄铜的力学性能和耐磨性都很好，可用于制造精密仪器、船舶的零件和枪炮的弹壳等。黄铜敲起来声音好听，因此锣、钹、铃、号（见图2-13）等乐器都是用黄铜制作的。

图2-13　黄铜制造的乐器

　　黄铜根据其化学成分特点又分为普通黄铜和特殊黄铜。按生产工艺可分为加工黄铜和铸造黄铜。

　　普通黄铜性能与其锌含量有关，当锌的质量分数低于32%时，具有良好的力学性能，易进行各种冷热加工，并对大气、海水具有相当好的耐蚀性，且成本低，色泽美丽。普通黄铜多用于制作冷变形零件，如防护镀层、冷凝器和弹壳等。

　　普通黄铜中加入少量其他元素，如铝、铁、硅、锰、铅、锡和镍等，就构成了特殊黄铜。通常情况下，加入某种金属元素，就称为某黄铜，如镍黄铜、铅黄铜就是因为添加了镍、铅的原因。这些元素的加入除可不同程度地提高黄铜的强度和硬度外，其中铝、锡、锰和镍等元素还可提高合金的耐蚀性和耐磨性，锰用于提高耐热性，硅可改善合金的铸造性能，铅则改善了材料的切削加工性能和润滑性等。

特殊黄铜强度、耐蚀性比普通黄铜好，铸造性能得到了改善。生产中特殊黄铜常用于制造螺旋桨、紧压螺母等船用重要零件和其他耐蚀零件。

黄铜的主要用途见表 2-5。

表 2-5　黄铜的主要用途

类　别	用　途
普通黄铜	散热器、冷凝器管道、热双金属、双金属板、造纸工业用金属网、弹壳、弹簧、螺钉、垫圈
锡黄铜	汽车拖拉机的弹性套管、海轮用管材、冷凝器管、船舶零件
铅黄铜	汽车拖拉机零件及钟表零件、热冲压或切削制作的零件
铁黄铜	在摩擦及受海水腐蚀条件下工作的零件
锰黄铜	制造海轮零件及电信器材、耐腐蚀零件、螺旋桨
铝黄铜	海水中工作的高强度零件、船舶及其他耐腐蚀零件、蜗杆及重载荷条件下工作的压紧螺母

3. 白铜

向紫色的纯铜中加入镍，就会使铜的颜色变白，称为白铜，所以白铜的主要成分是铜和镍。白铜的色泽和银一样，且不易生锈。镍含量越高，颜色就越白。但是，毕竟与铜融合，只要镍的质量分数不超过 70%，肉眼都会看到铜的黄色，通常白铜中镍的质量分数一般为 25%。生活中人们经常用到的钥匙有的银光闪闪，就是因为制作钥匙的材料使用的是白铜。

纯铜中加入镍能显著提高强度、耐蚀性、硬度、电阻和热电性，并降低电阻温度系数。因此，白铜比其他铜合金的力学性能、物理性能都好，而且硬度高、色泽美观、耐蚀性好，常用于制造硬币、电器、仪表和装饰品。图 2-14 所示为白铜五毒花钱币。白铜的缺点是添加的元素镍属于稀缺的战略物资，价格昂贵。

图 2-14　白铜五毒花钱币

由于白铜饰品从颜色、做工等方面和纯银饰品差不多，有的不法商家利用消费者对银饰不了解的心理，把白铜饰品当成纯银饰品来售卖，从中获取暴利。那么，怎样来辨别是纯银饰品还是白铜饰品呢？①一般纯银饰品都会标有 S925、S990、S999 足银等字样，而白铜饰品没有这样的标记；②用针可在银的表面划出痕迹，而白铜质地坚硬，不容易划出伤痕；③银的色泽呈略黄的银白色，这是银容易被氧化成暗黄色的缘故，而白铜的色泽是纯白色，佩带一段时间后会出现绿斑；④如果在银首饰的内侧滴上一滴盐酸，会立即生成白色苔藓状的氯化银沉淀，而白铜则不会出现这种情况。

白铜按化学成分不同可分为普通白铜和特殊白铜。

普通白铜只含有铜、镍两种元素，具有较高的耐蚀性、抗腐蚀疲劳性能及优良的冷热加工性能，用于在蒸汽和海水环境下工作的精密机械、仪表零件及冷凝器、蒸馏器和热交换器等。

普通白铜中加入少量其他元素，如铁、锌、锰和铝等辅助合金元素，就构成了特殊白铜。通常情况下，加入某种金属元素，就称为某白铜，如铝白铜、锰白铜就是因为添加了铝、锰的原因。特殊白铜的耐蚀性、强度和塑性高，成本低，用于制造精密机械、仪表零件及医疗器械等。

唐宋时期，我国白铜已远销阿拉伯一带，当时波斯人称其为"中国石"。明清时期，云南的白铜脸盆以不起污垢、一拭即新的特点堪称我国一绝。

4. 青铜

向紫色的纯铜中加入锡，铜的颜色就会变青，称为青铜，所以青铜的主要成分是铜和锡。实际上，除黄铜、白铜以外的铜合金均称为青铜，并常在青铜名字前冠以另外添加元素的名称。常用青铜有锡青铜、铝青铜、铍青铜、硅青铜和铅青铜等。其中，工业用量最大的为锡青铜和铝青铜，强度最高的为铍青铜。

青铜是人类历史上一项伟大的发明，也是金属冶铸史上最早的合金。青铜一经发明后，便立刻盛行起来，从此人类历史也就进入了新的阶段——青铜器时代。

青铜一般具有较好的耐蚀性、耐磨性、铸造性和优良的力学性能，常用于制造精密轴承、高压轴承、船舶上耐海水腐蚀的机械零件，以及各种板材、管材、棒材等。由于青铜的熔点比较低（约为800℃），所以容易熔化和铸造成形。青铜还有一个反常的特性"热缩冷胀"，因此特别适合用来铸造艺术品，因为金属液在冷却后膨胀，可以使花纹更清楚。

（1）锡青铜 以锡为主加元素的铜合金，锡的质量分数一般为3%～14%。锡青铜的锡含量是决定其性能的关键，锡质量分数为5%～7%的锡青铜塑性最好，适用于冷热加工；而锡质量分数大于10%时，合金强度升高，但塑性却很低，只适于作铸造用。锡青铜耐蚀性良好，在大气、海水和无机盐类溶液中耐蚀性比纯铜和黄铜好，但在氨水、盐酸和硫酸中耐蚀性较差，主要用于耐蚀承载件，如弹簧、轴承、齿轮轴、蜗轮和垫圈等。图2-15所示为船用青

图2-15 船用青铜软管接头阀

铜软管接头阀。

（2）铝青铜　以铝为主加元素的铜合金，铝的质量分数为 5% ~11%。强度、硬度、耐磨性、耐热性及耐蚀性高于黄铜和锡青铜，铸造性能好，但焊接性能差。工业上冷加工用铝青铜的铝质量分数一般为 5% ~7%；铝质量分数 10% 左右的合金强度高，可用于热加工或铸造。

铝青铜强度高、韧性好、疲劳强度高、受冲击不产生火花，且在大气、海水、碳酸及多数有机酸中的耐蚀性都高于黄铜和锡青铜。因此，铝青铜在结构件上应用极广，主要用于制造船舶、飞机及在复杂条件下工作要求高强度、高耐磨性、高耐蚀性零件和弹性零件，如齿轮、轴承、摩擦片、蜗轮、轴套、弹簧和螺旋桨等。

（3）铍青铜　指以铍为主加元素的铜合金，铍质量分数为 1.7% ~2.5%。铍青铜具有高的强度和硬度、高的疲劳强度和弹性极限，其弹性稳定，弹性滞后小，耐磨性、耐蚀性高，具有良好的导电导热性，它无磁性，冷热加工及铸造性能好，但其生产工艺复杂，价格高。铍青铜广泛地用于制造精密仪器仪表的重要弹性元件、耐磨耐蚀零件、航海罗盘仪中零件和防爆工具等。

铜分为铸造铜和加工铜两大类，常用加工铜及铜合金的分类见表 2-6。

表 2-6　常用加工铜及铜合金的分类

类　别	加 工 铜	加 工 黄 铜	加 工 白 铜	加 工 青 铜
组别	纯铜、无氧铜、脱氧铜、银铜	普通黄铜、镍黄铜、铁黄铜、铅黄铜、铝黄铜、锰黄铜、锡黄铜、硅黄铜、加砷黄铜	普通白铜、铁白铜、锰白铜、锌白铜、铝白铜	锡青铜、铝青铜、铍青铜、硅青铜、锰青铜、锆青铜、铬青铜、镉青铜、镁青铜、铁青铜、碲青铜

2.3.2　铝

日常生活中锈迹斑斑的暖气片、自行车等随处可见，但是仔细想想，好像很少发现家里的铝锅之类的铝制品有生锈的情况。难道铝不会生锈吗？事实上铝比铁还容易生锈，只不过铝生锈后仍然是光滑而光亮的罢了，它不像铁生了锈那样浑身红褐色，一眼就能认出来。由于看不到铝"生锈"的痕迹，所以人们便以为铝不会生锈。其实，这是被它的那一层外表欺骗了。

金属生锈，本质上大多是由于金属被氧气氧化所造成的。钢铁生锈后，由于生成的铁锈（三氧化二铁）是疏松的，覆盖在铁的表面，因此铁锈的红褐色不仅很容易能被看见，而且它疏松的结构还会使氧气从铁锈缝隙进入到钢铁里层，继续氧化里层的铁，直至把整块钢铁全部锈蚀完毕。

但是铝却不然，它很容易与氧气化合生成氧化铝。生成的氧化铝是层极薄的致密物，仅0.00001mm厚，它紧紧地覆盖在铝的表面，好像皮肤一样保护着铝的内部不再被锈蚀。另外，这层氧化铝膜还有一个特性，就是即使把它擦去，不久又会生成新的氧化铝膜，继续起保护作用，使得铝内部一直不被锈蚀。这层氧化铝膜真可谓是铝的"贴身保镖"。

铝的应用非常广泛，现已大量应用于飞机、汽车和火箭等的零部件上；铝由于具有良好的导电性和导热性，还可用作电缆材料。铝在高温时的还原性极强，可以用其来冶炼高熔点金属，这种冶炼金属的方法称为"铝热法"。也可以采用铝热法焊接某些特殊部位，如用该方法焊接钢轨。铝的延展性极强，可制成铝箔，用来包装食品等。铝的耐蚀性优异，外观质感佳，价格适中，是各种家用电器外表面的上选材料。在建筑行业上，铝由于在空气中具有较强的稳定性和阳极处理后的极佳外观而受到普遍应用。另外，铝在集装箱运输、日常用品方面也应用广泛。

铝在地壳中储量丰富，其丰度达8.2%，居所有金属元素之首，因其性能优异，已在几乎所有工业领域中得到应用。

铝具有银白色光泽，密度小（2.72g/cm³），约为一般金属的1/3。铝的熔点低（660.4℃），具有优良的导电、导热性能（仅次于银和铜）。铝为非磁性材料。铝及铝合金化学性质活泼，在空气中极易氧化形成一层牢固致密的表面氧化膜，从而使其在空气及淡水中具有良好的耐蚀性。常用铝导线的导电能力约为铜的61%，导热能力为银的50%。虽然纯铝极软且具有延展性，但仍可通过冷加工及做成合金来使它硬化。铝作为轻型结构材料，质量轻、强度大，海、陆、空各种运载工具，特别是飞机、导弹、火箭、人造地球卫星等，均使用大量的铝。一架超音速飞机的用铝量占其自身重量的70%，一枚导弹的用铝量占其总重量的10%以上，2008年北京奥运会的火炬"祥云"（见图2-16）的材质就是铝合金。

纯铝按含铝质量分数的多少分为高纯铝、工业高纯铝和工业纯铝，其纯度依次降低。高纯铝中铝的质量分数为99.93%～99.996%，主要用于科学试验、化学工业和其他特殊领域。工业高纯铝中铝的质量分数为99.85%～99.9%。工业纯铝中铝的质量分数为98.0%～99.0%，主要用作配制铝基合金。此外，纯铝还可用于制作电线、铝箔、屏蔽壳体、反射器、包覆材料及化工容器等。

图2-17所示为一块显示其内部结构的被侵蚀的高纯度铝块。铝元素在地壳中的含量仅次于氧和硅，居第三位，是地壳中含量最丰富的金属元素。铝以化

合态的形式存在于各种岩石或矿石里，如钙铝长石（见图 2-18）、云母、高岭石（见图 2-19）、铝土矿和明矾石等。

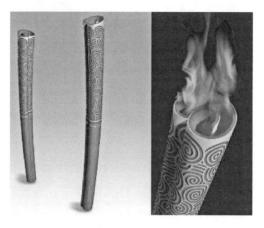

图 2-16　铝合金制作的"祥云"火炬

图 2-17　显示其内部结构的被侵蚀的高纯度铝块

图 2-18　钙铝长石

图 2-19　高岭石

铝合金既具有高强度又保持了纯铝的优良特性。根据合金元素和加工工艺特性的不同，将铝合金分为铸造铝合金和变形铝合金两大类。

1. 铸造铝合金

铸造铝合金的力学性能不如变形铝合金，但铸造铝合金有良好的铸造性能，可以制成形状复杂的零件，不需要庞大的加工设备，并具有节约金属、降低成本和减少工时等优点。按除铝之外的主要元素硅、铜、镁、锌的不同，铸造铝合金分为铝硅合金、铝铜合金、铝镁合金和铝锌合金四大类。

使用铸造铝合金轮毂的车辆，可以减少能耗，其所节省的能量远远超过炼铝时所消耗的能量，经济效益好。铸造铝合金产品如图 2-20 所示。

图 2-20　铸造铝合金产品

2. 变形铝合金

变形铝合金有很好的力学性能，适合于变形加工。在建筑工业中，常用变形铝合金做房屋的门窗及结构材料。在食品工业，储槽、罐头盒和饮料容器等大多用变形铝合金制成。日常生活中所用的锅、盆等也大多由变形铝合金制成。变形铝合金产品如图 2-21 所示。

图 2-21　变形铝合金产品

a) 铝合金窗　b) 铝合金易拉罐　c) 铝合金锅

在工业上，为了使铝制品更经久耐用，常常把做好的铝制品浸在质量分数为 20% 的 Na_2SO_4 与质量分数为 10% 的 HNO_3 混合的溶液里，使其表面生成更厚的氧化膜（这种工艺称为阳极氧化加工），如商店里那些新的铝锅和铝壶，它们的表面都是灰白色的或浅黄色的，这就是因为经过氧化膜加厚处理的缘故。不过这层氧化膜既怕酸又怕碱，所以铝锅只宜煮饭而不宜做菜。过去常有人嫌铝锅表面不够光亮，总是用草木灰或沙子去擦洗。其实，这是一种很不科学的做法。草木灰之所以能够很好地去掉铝锅的"外套"原因有二：第一，摩擦铝锅的表面时能擦破氧化膜；第二，草木灰含有碱性的碳酸钾等物质，因此能够借助化学作用溶解掉氧化膜。但是，即使你刚刚擦掉了一层氧化膜，使铝锅看上去亮了一些，可是用不了多久，铝锅因为没有了氧化膜的保护，其表面就会再次被氧化，重新披上一层氧化膜，看上去照旧是灰蒙蒙的。如果你天天用草木灰擦，铝锅就会天天重新生成氧化膜，而这场"拉锯战"的结果，不但不能使外表光亮，反而使锅壁越来越薄，最后，甚至被磨破损坏。真是费力不讨好！

2.3.3　钛

1791 年，英国的格列高尔发现了一种新元素。1795 年，法国化学家克拉普罗特以日耳曼神话中女神坦的名字为它命名，译成中文就是"钛"。

钛是一种银白色金属，密度为 $4.5g/cm^3$，熔点为 1660℃，沸点为 3287℃。钛的强度高，耐高温、耐超低温，容易加工，具有良好的耐蚀性，不受大气和海水的影响，在常温下不会被稀盐酸、稀硫酸、硝酸或稀碱溶液腐蚀，只有氢氟酸、热的浓盐酸和浓硫酸才与它反应。钛的氧化物是二氧化钛（钛白），具有无毒、良好的物理化学稳定性、折射指数高、着色力和遮盖力强、耐温性、抗粉化等特征，被称为颜料之王。

钛的蕴藏量十分丰富，其丰度为 0.61%，在所有金属元素中排第七位。但由于它在高温下的性质特别活泼，很难提纯，因此直到 20 世纪 40 年代金属钛才生产出来。第二次世界大战后首次在真空炉中成功地用镁还原四氯化钛获得了海绵钛，随后工业上开始少量应用。冶炼技术一经突破并投入工业生产后，这种新材料迅速受到人们的重视。由于它具有一系列优异特性，被广泛用于航空、航天、化工、石油、冶金、轻工、电力、海水淡化、舰艇和日常生活器具等工业生产中，它被誉为现代金属。

钛合金具有许多其他合金无法匹敌的功能——记忆功能。钛镍合金在一定环境温度下具有单向、双向和全方位的记忆效应，被公认是最佳记忆合金。钛合金还具有超导性能，铌钛合金在温度低于临界温度时，呈现出零电阻的超导功能。钛铁合金具有吸氢的特性，把大量的氢安全的贮存起来，在一定的环境中又把氢释放出来。

随着人们对钛合金更加深入的了解，它的应用也越来越广泛，钛最主要用于航空和宇航部门。与合金钢相比，钛合金可使飞机的质量减轻 40%。其他，如制造人造卫星外壳、飞船蒙皮、火箭发动机壳体、导弹等，钛合金都可大显身手。钛合金现在已成为了一种使人类走向太空时代的战略性金属材料，被誉为"太空金属"。因此，越是先进的、体型庞大的飞机和航天器，用钛量就越多。可以说，钛合金几乎是构成新型飞机机身的最主要材料。空客 A380 大型客机（见图 2-22）就用到了大量的钛合金，实现了我们千百年来飞天梦的神舟八号航天飞船（见图 2-23）上也大量采用了钛合金。

图 2-22　空客 A380 大型客机

图 2-23　神舟八号航天飞船

　　虽然钛是一种十分活泼的金属，极易与氧气发生反应生成二氧化钛。但是，钛一旦被氧化后，就会在其表面生成一层极其致密并且完整的纳米级厚度的氧化膜，这层氧化膜可以防止氧化的继续进行。不仅如此，即使氧化膜遭到了破坏，暴露出来的钛也会再次进行"自修复"，重新使氧化膜变得致密、完整（这也是钛最神奇的地方之一），因此钛具有非常优秀的耐蚀性。正因如此，钛合金现今也被广泛应用于海洋工程，如俄罗斯台风级核潜艇（见图 2-24）的双层外壳的外层通体采用了钛合金来制作，用量达到了9000t。另外，在刚刚刷新了下潜深度的"蛟龙号"潜艇上，钛合金也是功不可没的。

图 2-24　俄罗斯台风级核潜艇

　　为了减轻战车的质量，增加其机动性和抗击打能力，许多国家更是在军事装备上大量采用了钛金属，如美国制造的"布雷德利"步兵战车（见图 2-25）就使用了多达 1t 的钛。

图2-25　"布雷德利"步兵战车

　　钛合金由于其优越的化学性质而被人们广泛应用。从天上到地下处处都能看到钛金属的身影，它既可以用在太空领域，又可用在陆地上，还可用在海洋中，是当之无愧的"海陆空金属"。另外，由于钛合金强度高、抗疲劳性能好、加工工艺简单、性价比高，在医学方面也发挥了巨大的作用，被用于制作人造关节、内固定板、牙根种植体和固定螺钉等。在钛合金加工过程中，钛板冲压成形时必须采取表面保护及减摩措施，这是由于钛及钛合金的抗磨损性很低，钛和其他金属在滑动接触状态下，很容易"焊接"在一起，如图2-26所示。即使正压力和相对滑动都很小，部分表面也会粘住。如果强行将其拆开，就会严重地破坏表面质量。正因为这样，钛材不宜制作螺纹和齿轮。

图2-26　钛合金的抗磨损性示意图

　　钛合金分为α钛合金、近α钛合金、β钛合金、α＋β钛合金和海绵钛五类。

　　海绵钛是金属热还原法生产出的海绵状金属钛，如图2-27所示。海绵钛中钛的质量分数为99.1%～99.7%，它是钛材、钛粉及其他钛构件的原料。海绵钛生产是钛工业的基础环节，把钛铁矿（见图2-28）变成四氯化钛，再放到密封的不锈钢罐中，充以氩气，使其与金属镁反应，就得到海绵钛。这种多孔的海绵钛是不能直接使用的，还必须将其在电炉中熔化成液体，才能铸成钛锭。

图 2-27 海绵钛

图 2-28 钛铁矿

2.3.4 锌

锌是古代铜、锡、铅、金、银、汞、锌七种有色金属中被提炼出最晚的一种，是第四常见的金属，仅次于铁、铝及铜。

锌是一种灰色金属，其密度为 7.14g/cm³，熔点为 419.5℃，沸点为 911℃。锌在室温下较脆，100～150℃时变软，超过 200℃后又变脆。锌的化学性质活泼，在空气中，表面易生成一层薄而致密的碱式碳酸锌膜，可阻止进一步氧化。当温度达到 225℃后，锌氧化剧烈。燃烧时，发出蓝绿色火焰。锌易溶于酸，也易在溶液中置换出金、银、铜等。

锌是一种很微妙的矿物质，它是人体中不可缺少的基本元素之一。锌可帮助人体的细胞分裂，加快伤口愈合，因此人们把锌称为生命元素。

由于锌在常温下表面易生成一层薄而致密的保护膜，可阻止进一步氧化，有很好的防护作用，所以锌最大的用途是用于电镀工业，例如白铁皮炉筒或白铁皮瓦楞板，只有在它们的镀锌面完全腐蚀以后，铁皮才开始生锈。正是这种"牺牲自己、保护他人"的长处，锌被广泛用于汽车、建筑、船舶和轻工等行业，图 2-29 所示为工业上常用的镀锌板、镀锌管。锌不断地锈蚀减少，却保护了它相邻的钢铁安居乐业，这是多么可贵的自我牺牲品格啊！

压铸是锌的另一个重要应用领域，它用于汽车、建筑、家用电器和玩具等的零部件生产。

锌能和许多有色金属形成合金，其中锌常和铝制成合金，以获得强度高、延展性好的铸件，锌与铝、铜等组成的合金广泛应用于压铸件。锌还常和少量铜和钛制成合金，以获得必要的抗蠕变性能，锌与铜、锡、铅组成的黄铜常用于机械制造业。

图 2-29 镀锌钢材

a) 镀锌板　b) 镀锌管

在现代工业中，锌在电池制造领域有不可磨灭的贡献，含少量铅、镉等元素的锌板可制成锌锰电池，如图 2-30 所示。

图 2-30 锌锰电池

氧化锌（见图 2-31a）为白色粉末，可用于医药、橡胶等工业，还可以用作白色颜料（见图 2-31b）。

图 2-31 氧化锌

a) 氧化锌粉末　b) 氧化锌制造的颜料

2.3.5　镁

镁是地球上储量丰富的轻金属元素之一，镁的密度为 1.74 g/cm^3，只有铝的 2/3、钛的 2/5、钢的 1/4。镁呈银白色，熔点为 650℃，沸点为 1100℃。镁在自然界分布很广，资源比较丰富。镁的来源最主要是海水、盐湖卤水中的氯化镁和光卤石以及呈碳酸盐形式的菱镁矿和白云石。

镁具有很好的铸造性能和良好的加工性能。与其他材料相比，镁的制造成本很低。尽管单位质量镁锭的价格要比铝贵一些，但它们单位体积的成本价格几乎是一样的。用镁合金做的电脑外壳轻巧、美观，如图 2-32 所示。

图 2-32　镁合金外壳电脑

镁合金汽车零件的优点可简单归纳为以下几点：①密度小，可减轻整车的质量，间接减少燃油消耗量；②镁的比强度高于铝合金和钢，比刚度接近铝合金和钢，能够承受一定的负荷；③镁具有良好的铸造性能和尺寸稳定性，容易加工，废品率低；④镁具有良好的阻尼性能，减振性大于铝合金和铸铁，用于壳体可降低噪声，用于座椅、轮圈可以减少振动，提高了汽车的安全性和舒适性。一些镁合金制品如图 2-33 所示。

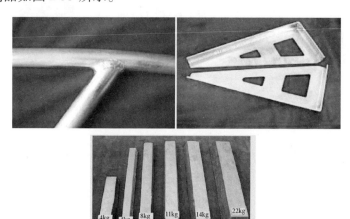

图 2-33　镁合金制品

镁合金一般按三种方式分类：化学成分、成形工艺和是否含锆元素。

　　1）根据化学成分的不同，以五个主要合金元素锰、铝、锌、锆和稀土为基础组成的合金系列，分别称为锰镁合金、铝镁合金、锌镁合金、锆镁合金和稀土镁合金。

　　2）根据加工工艺的不同，镁合金可分为铸造镁合金和变形镁合金两大类。两者在成分、组织性能上存在很大的差异，铸造镁合金多用压铸工艺生产，其特点是生产效率高、精度高、铸件表面质量好、铸态组织优良、可生产薄壁及复杂形状的构件。变形镁合金指可用挤压、轧制、锻造和冲压等塑性成形方法加工的镁合金。与铸造镁合金相比，变形镁合金具有更高的强度、更好的塑性和更多的规格。

　　3）根据是否含锆元素（锆对镁合金具有强烈的细化晶粒作用），镁合金又可划分为含锆镁合金和无锆镁合金两大类。

　　以镁为主通过添加其他元素而组成的镁合金具有比强度和比刚度高、导热导电性好、阻尼减振性强、电磁屏蔽性好、易于加工成形和容易回收等优点，被誉为是"21世纪绿色工程材料"。

图2-34　"大力神"火箭

　　镁合金的特点可满足航空航天等高科技领域对轻质材料吸噪、减振、防辐射的要求，可大大改善飞行器的气体动力学性能，明显减轻其结构质量。从20世纪40年代开始，镁合金首先在航空航天部门得到了应用，如"大力神"火箭（见图2-34）使用了600kg的变形镁合金，"季斯卡维列尔"卫星中使用了675kg的变形镁合金。

2.3.6　镍

　　人类认识和使用镍的历史已很悠久，我国是世界上最早使用镍的国家，早在公元前3世纪，我国人民就已经知道把含镍的矿石加入铜中可以炼成白铜，并用其铸造货币。新中国成立之初，镍矿被列为紧缺矿种，寻找镍矿是一项紧迫的任务。1958年10月7日，是个难忘的日子，金昌的科研工作者从一块状针镍矿石（见图2-35）中发现了镍，金昌也因此被称作镍都。

　　镍是一种银白色金属，密度为8.9 g/cm^3，熔点为1455℃，沸点为2915℃。镍具有良好的力学性能、延展性和耐蚀性。常温下在潮湿空气中镍表面会形成致密的氧化膜，能阻止本体金属继续氧化。盐酸、硫酸、有机酸和碱性溶液对镍的侵蚀极慢。镍在稀硝酸中溶解缓慢，浓硝酸能使镍表面钝化而具有耐蚀性。镍同铂、钯一样能吸收大量的氢，粒度越小，吸收量越大，所以镍也被称作"魔鬼金属"。镍的重要盐类为硫酸镍和氯化镍。

图 2-35　针镍矿

镍是十分重要的金属原料，镍的主要用途是制造不锈钢、高镍合金钢和合金结构钢，广泛用于飞机、雷达、导弹、坦克、舰艇、宇宙飞船、原子反应堆等各种军工制造业；在民用工业中，用镍制成结构钢、耐酸钢、耐热钢，大量用于各种机械制造业、石油行业；镍与铬、铜、铝、钴等元素可组成非铁基合金，镍基合金和镍铬基合金是耐高温、抗氧化材料，用于制造喷气涡轮、电阻、电热元件、高温设备结构件等；镍还可用作陶瓷颜料和防腐镀层；镍钴合金是一种永磁材料，广泛用于电子遥控、原子能工业和超声工艺等领域；在化学工业中，镍常用作氢化催化剂。

镍合金按用途分为高温合金、耐蚀合金、耐磨合金、精密合金和形状记忆合金。

（1）镍基高温合金　在 650～1000℃ 高温下有较高的强度和抗氧化、抗燃气腐蚀能力，是高温合金中应用最广、高温强度最高的一类合金。常用于制造航空发动机叶片和火箭发动机、核反应堆、能源转换设备上的高温零部件。

（2）镍基耐蚀合金　具有良好的综合性能，可耐各种酸腐蚀和应力腐蚀。最早应用的是镍铜合金（又称蒙乃尔合金），用镍铜合金制造的海洋石油业用的排水沉箱如图 2-36 所示；此外还有镍铬合金、镍钼合金、镍铬钼合金等，可用于填充各种耐腐蚀零部件的小孔，如图 2-37 所示。

（3）镍基耐磨合金　除具有高耐磨性能外，其抗氧化性、耐蚀性、焊接性能也好。可制造耐磨零部件，也可作为包覆材料，通过堆焊和喷涂工艺将其包覆在其他基体材料表面。

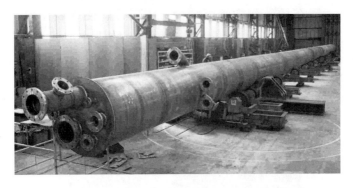

图 2-36　镍铜合金制造的海洋石油业用的排水沉箱

图 2-37　使用镍铬钼合金填充小孔

（4）镍基精密合金　包括镍基软磁合金、镍基精密电阻合金和镍基电热合金等。最常用的软磁合金是镍质量分数 80% 左右的玻莫合金，是电子工业中重要的铁心材料。镍基精密电阻合金的主要合金元素是铬、铝、铜，这种合金具有较高的电阻率、较低的电阻温度系数和良好的耐蚀性，用这种合金制作的电阻器，可在 1000℃ 温度下长期使用。

（5）镍基形状记忆合金　回复温度是 70℃，形状记忆效果好。少量改变镍钛成分比例，可使回复温度在 30 ~ 100℃ 范围内变化。多用于制造航天器上使用的自动张开结构件、宇航工业用的自激励紧固件、生物医学上使用的人造心脏等。

镍的盐类大都是绿色的（只有氧化镍呈灰黑色），因此它们除可用于电镀工业外，还可用来作为陶瓷和玻璃的颜料等。

2.3.7　金

俗话说"真金不怕火炼""烈火见真金"。这一方面是说明金的熔点较高，达 1063℃，烈火不易烧熔它；另一方面也是说明金的化学性质非常稳定，任凭火烧，也不会锈蚀。

纯金呈黄色，极细的金粉呈黑色，金的胶状溶液呈红色、蓝色或紫色。首饰中的金含量常用 K 表示，纯金为 24K。金的延展性极好，可制成金箔或拉成细丝。金的电导率仅次于银和铜，热导率为银的 74%。金的化学性质十分稳定，从室温到高温，一般不氧化。金不溶于一般的酸和碱，但可溶于王水，也可溶于碱金属氰化物溶液。此外，酸性的硫脲溶液、溴的溶液、沸腾的氯化铁溶液以及有氧存在的钾、钠、钙、镁的硫代硫酸盐溶液等都能很好地溶解金。碱金属的硫化物能腐蚀金，生成可溶性硫化金。

含金 3g/t 以上的脉矿即为可采金矿（见图 2-38），金矿石通常经过选矿富集成精矿后，再用氰化法提取，或先用重选和混汞法提取游离金后再用氰化法进一步提取。

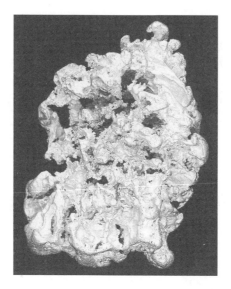

图 2-38　黄金矿石

黄金是人类较早发现和利用的金属。由于它稀少、特殊和珍贵，自古以来被视为五金之首，有"金属之王"的称号，享有其他金属无法比拟的盛誉，其显赫的地位几乎永恒。正因为黄金具有这一"贵族"的地位，一段时间曾是财富和华贵的象征，所以用它作金融储备、货币、首饰等，如图 2-39 所示。

金除了用作装饰品和货币储备之外，在工业与科学技术上也有广泛的应用。金具有良好的工艺性，极易加工成超薄金箔、微米金丝和金粉；金很容易镀到其他金属、陶器及玻璃的表面上；在一定压力下金容易被熔焊和锻焊；金可制成超导体与有机金等。因此在电子技术、通信技术、宇航技术、化工技术和医疗技术等现代高科技产业中应用广泛，如用作红外线的反射面、陶瓷和玻璃的着色剂，牙科材料等。在电子、航空等工业，金可用作表面涂层和焊料、精密仪器的零件或镀层，还可用于电触头、插座、继电器和高压开关等。

图 2-39　黄金及其制品

金在地壳中的含量虽然还不算是太少，但是分布非常分散。至今，人们找到的最大的天然金块的质量只有 112kg，而人们找到的最大的天然银块的质量达 13.5t（银在地壳中的含量只比金多一倍），最大的天然铜块的质量竟达 420t。在 45 亿年前，地球形成的时候，很多宇宙中的小天体带有一些金，在它撞击地球的时候陨石被熔化，金子也就被留下来了。由于金的密度大，金便向地心下沉，所以现在挖金矿都在地下。从微观上看金的原子排列美轮美奂，如图 2-40 所示。

图 2-40　紧密排列的金原子

2.3.8 银

银，永远闪耀着月亮般的光辉。银的梵文原意就是"明亮"的意思。我国也常用"银"来形容白而有光泽的东西，如银河、银杏、银耳、银幕等。银就像一个亮晶晶的少年，全身上下都闪烁着柔和而美丽的光芒。

在古代，人类就对银有了认识。我国考古学者从近年出土的春秋时代的青铜器中就发现了镶嵌在器具表面的"金银错"（一种用金、银丝镶嵌的图案），如图 2-41 所示。由于银独有的优良特性，人们曾赋予它货币和装饰双重价值。

图 2-41　金银错

银是一种美丽的白色金属，质地较软，熔点为 961.93℃，沸点为 2212℃，密度为 10.5g/cm³。在所有的金属中，银具有最好的导电性、导热性和对可见光的反射性，并具有良好的延展性和可塑性，易于抛光和造型，还能与许多金属组成合金。贵金属中银的化学性质最活泼，但一般不与氧作用，240℃时能与臭氧直接反应，常温下能与卤素逐渐化合，银不与除硝酸外的稀酸或强碱反应，但能与浓硫酸反应。硝酸银是重要的可溶性银盐，其他银盐一般不溶于水。最有工业价值的银化合物是硝酸银和卤化银。

随着科学技术的发展，银已由传统的货币和首饰工艺品方面的消费（见图 2-42），逐渐转移到工业应用领域中。

我国电子电气、感光材料、化学试剂和化工材料每年所耗白银约占银总消耗量的 75% 左右，白银工艺品及首饰消耗量约占 10%，其他用途约占 15%。目前，银在电子信息、通信、军工、航空航天、影视和照相等行业得到了广泛的应用。在影视和照相行业中，由于银的卤盐（溴化银、氯化银、碘化银）和硝酸银具有对光特别敏感的特性，因此可用来制作电影、电视和照相所需的黑白与彩色胶片、底片、晒相和印相纸、印刷制版用的感光胶片、医疗与工业检测用的 X 光胶

图 2-42　传统银制品

片和航空测绘、天文宇宙探索与国防科学研究等使用的各种特殊感光材料。胶片中溴化银晶体如图 2-43 所示。

在机电和电气工业方面，银主要以纯银、银合金的形式用作电接触材料、电阻材料、钎料、测温材料和厚膜浆料等。用银铜、银镉、银镍等合金制作的电触头，可以消除一般金属的接触电阻及粘接等弊病；用银钨、银钼、银铁合金等制作的低压功率开关、起重开关、重负荷的继电器与电接点材料可广泛用于交通、冶金、自动化和航空航天等工业；在厚膜工艺中，银浆料的导电性最好，与陶瓷的附着力强。

图 2-43　胶片中溴化银晶体

银有很强的杀菌能力，它会使细菌呼吸必不可少的一种酶停止作用。但长菌后本身会变黄甚至变黑，金庸的小说中经常有银针试毒的情景，就是因为纯银遇到毒性极强的物品后会变为黑色的缘故。

2.3.9　铅

铅是灰白色金属，密度为 $11.34g/cm^3$，熔点为 327.5℃，沸点为 1740℃，质地柔软。铅在空气中受到氧、水和二氧化碳作用，表面容易氧化生成保护薄膜。加热时，铅能很快与氧、硫、卤素化合，铅与冷盐酸、冷硫酸几乎不反应，能与热盐酸、浓盐酸、热硫酸和浓硫酸反应。铅与稀硝酸反应，但与浓硝酸不反应。铅能缓慢溶于强碱性溶液。铅及其化合物对人体有较大毒性，并可在人体内积累。

铅是人类最早使用的金属之一，公元前 3000 年，人类就懂得从铅矿石（见图 2-44）中熔炼铅。

图 2-44　铅矿石

铅主要用于制造铅蓄电池（见图2-45），在制酸工业和冶金工业上用铅板、铅管作衬里保护设备，电气工业中用作电缆包皮和熔丝。

含锡、锑的铅合金用作印刷活字，铅锡合金用于制造易熔铅焊条，铅板和镀铅钢板用于建筑工业。铅与锑的合金熔点低，可用于制造熔丝。铅对 X 射线和 γ 射线有良好的吸收性，广泛用于 X 光机和原子能装置的保护材料。由于铅有毒等原因，在某些领域中铅已经或即将被其他材料所代替。

图 2-45　铅蓄电池

铅在空气中很容易被氧化成灰黑色的氧化铅，表面的金属光泽渐渐变得暗淡无光。这层氧化铅形成一层致密的薄膜，可防止内部的铅进一步被氧化，所以铅并不易被腐蚀。著名的制造硫酸的铅室法，就是因为在铅制的反应器中进行化学反应而得名的。

铅还可以用来制造子弹的弹头，弹头里灌有铅后增大了质量，在前进时不会受风力的影响，便于准确射击。

2.3.10　锡

锡是大名鼎鼎的五金——金、银、铜、铁、锡之一。早在远古时代，人们便发现并使用锡了。在我国的一些古墓中，常发掘到一些锡壶、锡烛台之类的锡器。这些出土的珍贵文物做工之精美，让人啧啧称奇。

锡在古代时就是青铜的组成部分之一。在铜中加入锡制成的青铜硬度较高，可以用来制造冷兵器。相传江苏省无锡市在战国时期盛产锡，到了锡矿用尽之时，人们就以"无锡"来命名这个地方，希望天下再也没有战争。

锡有三种：① – 13℃时，称为灰锡；②13 ~ 160℃时，称为白锡；③160℃以上时，称为脆锡。这三种锡是可以通过熔化再结晶相互转化的。

当温度下降到 – 13℃时，锡竟会逐渐变成松散的粉末，称为灰锡。这种锡的"疾病"（被称为"锡疫"）还会传染给其他"健康"的锡器。锡不仅怕冷，而且怕热。在 160℃以上时，锡又转变成斜方锡（又称为"脆锡"）。斜方锡很脆，一敲就碎，而且延展性很差。

金属锡的一个重要用途是用来制造镀锡铁皮。由于纯锡与弱有机酸作用缓慢，一张铁皮一旦穿上锡的外衣之后，既耐腐蚀，又能防毒。目前，镀锡铁皮已广泛用于食品工业中，如罐头工业（见图2-46），可以保证清洁无毒，而且在军工、仪表、电器以及轻工业的许多部门都有它的身影。

图 2-46　食品包装用锡铁皮

金属锡可以用来制成各种各样的锡器和美术品，如锡壶、锡杯（见图 2-47）、锡餐具等，我国制作的很多锡器和锡美术品自古以来就畅销于世界许多国家，深受人民的喜爱。

图 2-47　锡杯

纯锡也可用作某些机械零件的镀层。锡易于加工成管、箔、丝、条等，也可制成细粉，用于粉末冶金。锡几乎能与所有的金属制成合金，用得较多的有锡青铜、巴氏合金、铅锡轴承合金等。还有许多含锡特种合金，如含锡锆基合金在原子能工业中作核燃料包覆材料；含锡钛基合金用于航空、造船、原子能、化工、医疗器械等行业；铌锡金属间化合物可作超导材料；锡银汞合金可用作牙科金属材料；锡和锑、铜合成的锡基轴承合金和铅、锡、锑合成的铅基轴承合金，可以用来制造汽轮机、发电机、飞机等承受高速高压机械设备的轴承。锡的重要化合物有二氧化锡、二氯化锡、四氯化锡以及锡的有机化合物，分别用作陶瓷的瓷釉原料、印染丝织品的媒染剂、塑料的热稳定剂，也可用作杀菌剂和杀虫剂。

第 3 章

金属材料的牌号

3.1 钢铁材料牌号表示方法

3.1.1 生铁牌号表示方法

生铁牌号通常由字母和数字两部分组成。

1）生铁牌号的第一部分（字母）是一位或两位大写汉语拼音字母（见表3-1）。

表3-1 生铁牌号的第一部分（字母）

生铁名称	采用字母	备注	
		采用的汉字	拼音
炼钢用生铁	L	炼	Lian
铸造用生铁	Z	铸	Zhu
球墨铸铁用生铁	Q	球	Qiu
耐磨生铁	NM	耐磨	NaiMo
脱碳低磷粒铁	TL	脱粒	TuoLi
含钒生铁	F	钒	Fan

2）生铁牌号的第二部分是两位阿拉伯数字，表示主要元素平均质量含量（以千分之几计），炼钢用生铁、铸造用生铁、球墨铸铁用生铁、耐磨生铁为硅元素平均质量含量，脱碳低磷粒铁为碳元素平均质量含量，含钒生铁为钒元素平均质量含量。

例如：Z30 表示硅的平均质量分数在 3.0% 左右的铸造用生铁；TL14 表示碳的平均质量分数在 1.4% 左右的脱碳低磷粒铁；F04 表示钒的平均质量分数在 0.4% 左右的含钒生铁。

3.1.2　铁合金牌号表示方法

铁合金的牌号有四种类型。

1）材料牌号开头是铁元素符号"Fe"，例如 FeNb60-B（铌铁）、FeW78-A（钨铁）。

2）以材料牌号开头字母为"J""JC""ZK""DJ""FZ""Y"等，铁合金牌号开头字母含义见表 3-2。

表3-2　铁合金牌号开头字母含义

符　号	名　　称	备　注		示　例
		汉字	拼音	
J	金属铬、金属锰（电硅热法）	金	Jin	JMn97-A
JC	金属锰（电解重熔法）	金重	JinChong	JCMn98
ZK	真空法微碳铬铁	真空	ZhenKong	ZKFeCr65C0. 010
DJ	电解金属锰	电金	DianJin	DJMn-A
FZ	钒渣	钒渣	FanZha	FZ1
Y	氧化钼块	氧	Yang	YMo55. 0-A

3）材料牌号开头是钒元素符号"V"，如 VN12（钒氮合金）、$V_2O_5$98（五氧化二钒）。

4）材料牌号开头是钙元素符号"Ca"，如 Ca31Si60（硅钙合金）。

3.1.3　铸铁牌号表示方法

铸铁牌号一般用力学性能、化学成分或两种共用表示，无论哪一种方法，在牌号的开头均用代表该类铸铁的字母表示。各种铸铁名称及代号见表 3-3。

表3-3　各种铸铁名称及代号

铸 铁 名 称	代　号
灰铸铁	HT
灰铸铁	HT
奥氏体灰铸铁	HTA
冷硬灰铸铁	HTL
耐磨灰铸铁	HTM
耐热灰铸铁	HTR
耐蚀灰铸铁	HTS

（续）

铸 铁 名 称	代　号
球墨铸铁	QT
球墨铸铁	QT
奥氏体球墨铸铁	QTA
冷硬球墨铸铁	QTL
抗磨球墨铸铁	QTM
耐热球墨铸铁	QTR
耐蚀球墨铸铁	QTS
蠕墨铸铁	RuT
可锻铸铁	KT
白心可锻铸铁	KTB
黑心可锻铸铁	KTH
珠光体可锻铸铁	KTZ
白口铸铁	BT
抗磨白口铸铁	BTM
耐热白口铸铁	BTR
耐蚀白口铸铁	BTS

1) 以力学性能表示：

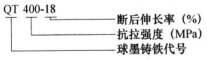

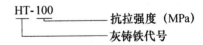

2) 以化学成分表示：

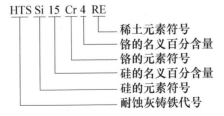

3) 以力学性能和化学成分表示：

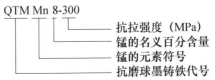

对于灰铸铁，在 1988 年以前其牌号曾表示为：

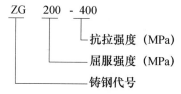

灰铸铁牌号新旧对照关系见表3-4。

表3-4　灰铸铁牌号新旧对照关系

旧牌号（GB/T 5675—1985）	HT10-26	HT15-33	HT20-40	HT25-47	HT30-54	HT35-60	HT40-68
新牌号（GB/T 9439—2010）	HT100	HT150	HT200	HT250	HT300	HT350	—

3.1.4　铸钢牌号表示方法

铸钢牌号一般用力学性能或化学成分表示，无论哪一种方法，在牌号的开头均用代表该类铸钢的字母"ZG"表示。

1）以力学性能表示：

$$ZG\ \ 200-400$$

- 抗拉强度（MPa）
- 屈服强度（MPa）
- 铸钢代号

2）以化学成分表示：

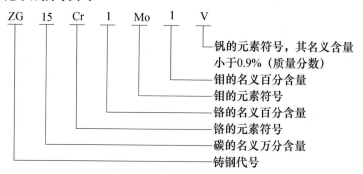

需要说明的是，长期以来，人们在工业生产中仍习惯用1985年以前的旧牌号。铸钢新旧牌号对照关系见表3-5。

表3-5　铸钢新旧牌号对照关系

新牌号（GB/T 11352—2009）	ZG 200-400	ZG 230-450	ZG 270-500	ZG 311-570	ZG 340-640
旧牌号（GB/T 979—1967）	ZG15	ZG25	ZG35	ZG45	ZG55

3.1.5　碳素结构钢和低合金结构钢牌号表示方法

碳素结构钢和低合金结构钢牌号由前缀符号、强度值、质量等级符号、脱氧方法符号、后缀符号按顺序组成：

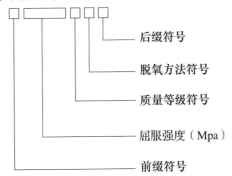

- 后缀符号
- 脱氧方法符号
- 质量等级符号
- 屈服强度（Mpa）
- 前缀符号

1）产品名称对应的前缀符号见表3-6。

表3-6　产品名称对应的前缀符号

产 品 名 称	前 缀 符 号
通用结构钢	Q
细晶粒热轧带肋钢筋	HRBF
冷轧带肋钢筋	CRB
预应力混凝土用螺纹钢筋	PSB
焊接气瓶用钢	HP
管线用钢	L
船用锚链钢	CM
煤机用钢	M

2）质量等级分为 A、B、C、D 四个等级。

3）脱氧方法有 F（沸腾钢）、Z（镇静钢）、特殊镇静钢（TZ）和半镇静钢（bZ）四种，其中“Z”和“TZ”一般情况下省略。

4）产品名称对应的后缀符号见表3-7。

表3-7　产品名称对应的后缀符号

产 品 名 称	后 缀 符 号
锅炉和压力容器用钢	R
锅炉用钢（管）	G
低温压力容器用钢	DR
桥梁用钢	Q
耐候钢	NH
高耐候钢	GNH
汽车大梁用钢	L

（续）

产 品 名 称	后 缀 符 号
高性能建筑结构用钢	GJ
低焊接裂纹敏感性钢	CF
保证淬透性钢	H
矿用钢	K

示例1：Q235AF 表示最小屈服强度为 235MPa 的 A 级碳素结构钢（沸腾钢）。

示例2：HP345 表示最小屈服强度为 345MPa 的焊接气瓶用钢（镇静钢或特殊镇静钢）。

示例3：Q235R 表示最小屈服强度为 235MPa 的锅炉和压力容器用钢（镇静钢或特殊镇静钢）。

3.1.6 优质碳素结构钢和优质碳素弹簧钢牌号表示方法

优质碳素结构钢和优质碳素弹簧钢牌号表示方法：

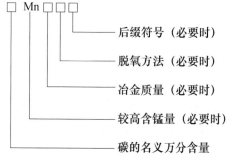

1）如果含锰量较低，则不必写出 Mn。

2）冶金质量分为优质钢（不标注）、高级优质钢（A）和特级优质钢（E）。

3）脱氧方式有沸腾钢（F）、半镇静钢（b）和镇静钢（不标注）。

4）后缀符号与普通碳素结构钢相同。

示例1：50MnE 表示碳的名义质量分数为 0.50%、锰的质量分数较高的特级优质碳素结构钢（镇静钢）。

示例2：08F 表示碳的名义质量分数为 0.08%、锰的质量分数较低的优质碳素结构钢（沸腾钢）。

示例3：45AH 表示碳的名义质量分数为 0.45%、锰的质量分数较低的高级优质保证淬透性钢（镇静钢）。

3.1.7 易切削钢牌号表示方法

易切削钢牌号表示方法：

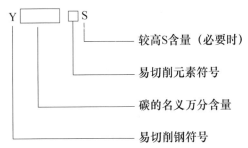

对于易切削元素符号按下列规定：

1）含钙、铅、锡等易切削元素时，分别用 Ca、Pb、Sn 表示，加硫和加硫、磷时，不加符号 S 和 P。

2）如果是含锰量较高的加硫或加硫、磷的易切削钢，用符号 Mn 表示。

示例 1：Y45Ca 表示碳的名义质量分数为 0.45%、含有钙的易切削钢。

示例 2：Y45Mn 表示碳的名义质量分数为 0.45%、锰的质量分数较高、硫的质量分数较低的易切削钢。

示例 3：Y45MnS 表示碳的名义质量分数为 0.45%、锰的质量分数较高、硫的质量分数较高的易切削钢。

3.1.8 车辆车轴及机车车辆用钢牌号表示方法

1）车辆车轴用钢牌号表示方法：

示例：LZ45 表示碳的名义质量分数为 0.45% 的车辆车轴用钢。

2）机车车辆用钢牌号表示方法：

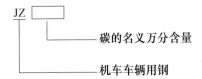

示例：JZ40 表示碳的名义质量分数为 0.40% 的机车车辆用钢。

3.1.9　合金结构钢和合金弹簧钢牌号表示方法

合金结构钢和合金弹簧钢牌号表示方法：

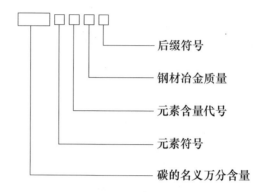

1）元素含量代号见表3-8。

表 3-8　元素含量代号

元素平均质量分数（%）	<1.5	1.50~2.49	2.50~3.49	3.50~4.49	4.50~5.49	…
含量代号	不标注	2	3	4	5	…

2）化学元素符号的排列顺序按含量递减进行。

3）高级优质钢的冶金质量符号为 A，特级优质钢的冶金质量符号为 E，优质钢不标注。

4）后缀符号与普碳素结构钢相同。

示例1：25Cr2MoVA 表示碳的名义质量分数为 0.25%、铬的质量分数为 1.50%~2.49%、钼的质量分数小于 1.5%、钒的质量分数小于 1.5% 的高级优质钢。

示例2：18MnMoNbER 表示碳的名义质量分数为 0.18%、锰的质量分数小于 1.5%、钼的质量分数小于 1.5%、铌的质量分数小于 1.5% 的锅炉和压力容器用特级优质钢。

示例3：60Si2Mn 表示碳的名义质量分数为 0.60%、硅的质量分数为 1.50%~2.49%、锰的质量分数小于 1.5% 的优质钢。

3.1.10　非调质机械结构钢牌号表示方法

非调质机械结构钢牌号表示方法：

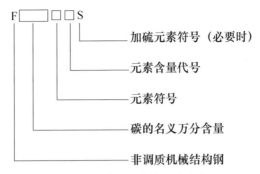

元素含量代号与合金结构钢和合金弹簧钢相同。

示例 1：F35MnVS 表示碳的名义质量分数为 0.35%、锰的质量分数小于 1.5%、钒的质量分数小于 1.5%、含有硫元素的非调质机械结构钢。

示例 2：F12Mn2VBS 表示碳的名义质量分数为 0.12%、锰的质量分数为 1.50%~2.49%、钒的质量分数小于 1.5%、硼的质量分数小于 1.5%、含有硫元素的非调质机械结构钢。

3.1.11　碳素工具钢牌号表示方法

碳素工具钢牌号表示方法：

示例 1：T8 表示碳的名义质量分数为 0.8% 的碳素工具钢。

示例 2：T8Mn 表示碳的名义质量分数为 0.8%、锰的质量分数较大的碳素工具钢。

示例 3：T13E 表示碳的名义质量分数为 1.3% 的特级优质碳素工具钢。

3.1.12　合金工具钢牌号表示方法

合金工具钢牌号表示方法：

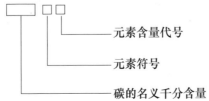

1) 如果碳的名义质量分数小于 1.00%，则采用一位阿拉伯数字表示（以千分之几计）；如果碳的名义质量分数不小于 1.00%，则不标注。

2) 元素含量代号与合金结构钢和合金弹簧钢相同，但如果铬的质量分数小于 1%，则在铬的含量（以千分之几计）前面加数字 0。

示例 1：9SiCr 表示碳的名义质量分数为 0.9%、硅的质量分数小于 1.5%、铬的质量分数在 1.0%～1.5% 之间的合金工具钢。

示例 2：Cr06 表示碳的名义质量分数不小于 1%、铬的质量分数为 0.6% 的合金工具钢。

示例 3：3Cr2W8V 表示碳的名义质量分数为 0.3%、铬的质量分数为 1.5%～2.49%、钨的质量分数为 7.50%～8.49%、钒的质量分数小于 1.5% 的合金工具钢。

3.1.13　高速工具钢牌号表示方法

高速工具钢牌号表示方法与合金结构钢相同，但在牌号头部一般不标明表示碳含量的阿拉伯数字。为了区别牌号，在牌号头部可以加 C，表示高碳高速工具钢。如 W3Mo3Cr4V2、CW6Mo5Cr4V2。

3.1.14　轴承钢牌号表示方法

1. 高碳铬轴承钢

高碳铬轴承钢牌号表示方法：

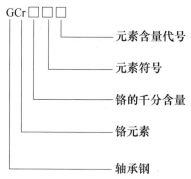

示例 1：GCr15 表示铬的质量分数为 1.5% 的高碳铬轴承钢。

示例 2：GCr15SiMn 表示铬的质量分数为 1.5%、硅的质量分数小于 1.5%、锰的质量分数小于 1.5% 的高碳铬轴承钢。

2. 渗碳轴承钢

渗碳轴承钢的表示方法是在头部加符号"G"、采用合金结构钢的牌号表示方法，高级优质渗碳轴承钢的牌尾加"A"。

示例：G20CrNiMoA 表示碳的质量分数为 0.20%、铬的质量分数小于 1.5%、镍的质量分数小于 1.5%、钼的质量分数小于 1.5% 的高级优质渗碳轴承钢。

3.1.15 不锈钢及耐热钢牌号表示方法

不锈钢和耐热钢的牌号采用化学元素符号和表示各元素含量的阿拉伯数字表示，各元素含量的阿拉伯数字表示应符合下列规定：

（1）碳含量 用两位或三位阿拉伯数字表示碳含量最佳控制值（以万分之几或十万分之几计）。

1）只规定碳含量上限者，当碳含量上限不大于 0.10% 时，以其上限的 3/4 表示碳含量；当碳含量上限大于 0.10% 时，以其上限的 4/5 表示碳含量。例如：碳含量上限为 0.08%，碳含量以 06 表示；碳含量上限为 0.20%，碳含量以 16 表示；碳含量上限为 0.15%，碳含量以 12 表示。对超低碳不锈钢（即碳含量不大于 0.030%），用三位阿拉伯数字表示碳含量最佳控制值（以十万分之几计）。例如：碳含量上限为 0.03% 时，其牌号中的碳含量以 022 表示；碳含量上限为 0.02% 时，其牌号中的碳含量以 015 表示。

2）规定上、下限者，以平均碳含量乘以 100 表示。例如：碳含量为 0.16% ~ 0.25% 时，其牌号中的碳含量以 20 表示。

（2）合金元素含量 合金元素含量以化学元素符号及阿拉伯数字表示，表示方法同合金结构钢第二部分。钢中加入的铌、钛、锆、氮等元素，虽然含量很低，也应在牌号中标出。

示例 1：碳的质量分数不大于 0.08%、铬的质量分数为 18.00% ~ 20.00%、镍的质量分数为 8.00% ~ 11.00% 的不锈钢，牌号为 06Cr19Ni10。

示例 2：碳的质量分数不大于 0.030%、铬的质量分数为 16.00% ~ 19.00%、钛的质量分数为 0.10% ~ 1.00% 的不锈钢，牌号为 022Cr18Ti。

示例 3：碳的质量分数为 0.15% ~ 0.25%、铬的质量分数为 14.00% ~ 16.00%、锰的质量分数为 14.00% ~ 16.00%、镍的质量分数为 1.50% ~ 3.00%、氮的质量分数为 0.15% ~ 0.30% 的不锈钢，牌号为 20Cr15Mn15Ni2N。

示例 4：碳的质量分数不大于 0.25%、铬的质量分数为 24.00% ~ 26.00%、镍的质量分数为 19.00% ~ 22.00% 的耐热钢，牌号为 20Cr25 Ni20。

不锈钢和耐热钢新旧牌号对照见表 3-9。

表 3-9　不锈钢和耐热钢新旧牌号对照表

类　型	序　号	统一数字代号	新　牌　号	旧　牌　号
1. 奥氏体型不锈钢和耐热钢（带呼应注者）	1	S35350	12Cr17Mn6Ni5N	1Cr17Mn6Ni5N
	2	S35950	10Cr17Mn9Ni4N	—
	3	S35450	12Cr18Mn9Ni5N	1Cr18Mn8Ni5N
	4	S35020	20Cr13Mn9Ni4	2Cr13Mn9Ni4
	5	S35550	20Cr15Mn15Ni2N	2Cr15Mn15Ni2N
	6	S35650	53Cr21Mn9Ni4N[①]	5Cr21Mn9Ni4N[①]
	7	S35750	26Cr18Mn12Si2N[①]	3Cr18Mn12Si2N[①]
	8	S35850	22Cr20Mn10Ni2Si2N[①]	2Cr20Mn9Ni2Si2N[①]
	9	S30110	12Cr17Ni7	1Cr17Ni7
	10	S30103	022Cr17Ni7	—
	11	S30153	022Cr17Ni7N	—
	12	S30220	17Cr18Ni9	2Cr18Ni9
	13	S30210	12Cr18Ni9[①]	1Cr18Ni9[①]
	14	S30240	12Cr18Ni9Si3[①]	1Cr18Ni9Si3[①]
	15	S30317	Y12Cr18Ni9	Y1Cr18Ni9
	16	S30327	Y12Cr18Ni9Se	Y1Cr18Ni9Se
	17	S30408	06Cr19Ni10[①]	0Cr18Ni9[①]
	18	S30403	022Cr19Ni10	00Cr19Ni10
	19	S30409	07Cr19Ni10	—
	20	S30450	05Cr19Ni10Si2CeN	—
	21	S30480	06Cr18Ni9Cu2	0Cr18Ni9Cu2
	22	S30488	06Cr18Ni9Cu3	0Cr18Ni9Cu3
	23	S30458	06Cr19Ni10N	0Cr19Ni9N
	24	S30478	06Cr19Ni9NbN	0Cr19Ni10NbN
	25	S30453	022Cr19Ni10N	00Cr18Ni10N
	26	S30510	10Cr18Ni12	1Cr18Ni12
	27	S30508	06Cr18Ni12	0Cr18Ni12
	28	S30608	06Cr16Ni18	0Cr16Ni18
	29	S30808	06Cr20Ni11	—
	30	S30850	22Cr21Ni12N[①]	2Cr21Ni12N[①]
	31	S30920	16Cr23Ni13[①]	2Cr23Ni13[①]
	32	S30908	06Cr23Ni13[①]	0Cr23Ni13[①]
	33	S31010	14Cr23Ni18	1Cr23Ni18
	34	S31020	20Cr25Ni20[①]	2Cr25Ni20[①]
	35	S31008	06Cr25Ni20[①]	0Cr25Ni20[①]
	36	S31053	022Cr25Ni22Mo2N	—
	37	S31252	015Cr20Ni18Mo6CuN	—

（续）

类　型	序　号	统一数字代号	新　牌　号	旧　牌　号
1. 奥氏体型不锈钢和耐热钢（带呼应注者）	38	S31608	06Cr17Ni12Mo2①	0Cr17Ni12Mo2①
	39	S31603	022Cr17Ni12Mo2	00Cr17Ni14Mo2
	40	S31609	07Cr17Ni12Mo2①	1Cr17Ni12Mo2①
	41	S31668	06Cr17Ni12Mo2Ti①	0Cr18Ni12Mo3Ti①
	42	S31678	06Cr17Ni12Mo2Nb	—
	43	S31658	06Cr17Ni12Mo2N	0Cr17Ni12Mo2N
	44	S31653	022Cr17Ni12Mo2N	00Cr17Ni13Mo2N
	45	S31688	06Cr18Ni12Mo2Cu2	0Cr18Ni12Mo2Cu2
	46	S31683	022Cr18Ni14Mo2Cu2	00Cr18Ni14Mo2Cu2
	47	S31693	022Cr18Ni15Mo3N	00Cr18Ni15Mo3N
	48	S31782	015Cr21Ni26Mo5Cu2	—
	49	S31708	06Cr19Ni13Mo3	0Cr19Ni13Mo3
	50	S31703	022Cr19Ni13Mo3①	00Cr19Ni13Mo3①
	51	S31793	022Cr18Ni14Mo3	00Cr18Ni14Mo3
	52	S31794	03Cr18Ni16Mo5	0Cr18Ni16Mo5
	53	S31723	022Cr19Ni16Mo5N	—
	54	S31753	022Cr19Ni13Mo4N	—
	55	S32168	06Cr18Ni11Ti①	0Cr18Ni10Ti①
	56	S32169	07Cr19Ni11Ti	1Cr18Ni11Ti
	57	S32590	45Cr14Ni14W2Mo①	4Cr14Ni14W2Mo①
	58	S32652	015Cr24Ni22Mo8Mn3CuN	—
	59	S32720	24Cr18Ni8W2①	2Cr18Ni8W2①
	60	S33010	12Cr16Ni35①	1Cr16Ni35①
	61	S34553	022Cr24Ni17Mo5Mn6NbN	—
	62	S34778	06Cr18Ni11Nb①	0Cr18Ni11Nb①
	63	S34779	07Cr18Ni11Nb①	1Cr19Ni11Nb①
	64	S38148	06Cr18Ni13Si4①	0Cr18Ni13Si4①
	65	S38240	16Cr20Ni14Si2①	1Cr20Ni14Si2①
	66	S38340	16Cr25Ni20Si2①	1Cr25Ni20Si2①
2. 奥氏体-铁素体型不锈钢	67	S21860	14Cr18Ni11Si4AlTi	1Cr18Ni11Si4AlTi
	68	S21953	022Cr19Ni5Mo3Si2N	00Cr18Ni5Mo3Si2
	69	S22160	12Cr21Ni5Ti	1Cr21Ni5Ti
	70	S22253	022Cr22Ni5Mo3N	—
	71	S22053	022Cr23Ni5Mo3N	—
	72	S23043	022Cr23Ni4MoCuN	—
	73	S22553	022Cr25Ni6Mo2N	—
	74	S22583	022Cr25Ni7Mo3WCuN	—

（续）

类　型	序　号	统一数字代号	新　牌　号	旧　牌　号
2. 奥氏体-铁素体型不锈钢	75	S25554	03Cr25Ni6Mo3Cu2N	—
	76	S25073	022Cr25Ni7Mo4N	—
	77	S27603	022Cr25Ni7Mo4WCuN	—
3. 铁素体型不锈钢和耐热钢（带呼应注者）	78	S11348	06Cr13Al①	0Cr13Al①
	79	S11168	06Cr11Ti	0Cr11Ti
	80	S11163	022Cr11Ti①	—
	81	S11173	022Cr11NbTi①	—
	82	S11213	022Cr12Ni①	—
	83	S11203	022Cr12①	00Cr12①
	84	S11510	10Cr15	1Cr15
	85	S11710	10Cr17①	1Cr17①
	86	S11717	Y10Cr17	Y1Cr17
	87	S11863	022Cr18Ti	00Cr17
	88	S11790	10Cr17Mo	1Cr17Mo
	89	S11770	10Cr17MoNb	—
	90	S11862	019Cr18MoTi	—
	91	S11873	022Cr18NbTi	—
	92	S11972	019Cr19Mo2NbTi	00Cr18Mo2
	93	S12550	16Cr25N①	2Cr25N①
	94	S12791	008Cr27Mo	00Cr27Mo
	95	S13091	008Cr30Mo2	00Cr30Mo2
4. 马氏体型不锈钢和耐热钢（带呼应注者）	96	S40310	12Cr12①	1Cr12①
	97	S41008	06Cr13	0Cr13
	98	S41010	12Cr13①	1Cr13①
	99	S41595	04Cr13Ni5Mo	—
	100	S41617	Y12Cr13	Y1Cr13
	101	S42020	20Cr13①	2Cr13①
	102	S42030	30Cr13	3Cr13
	103	S42037	Y30Cr13	Y3Cr13
	104	S42040	40Cr13	4Cr13
	105	S41427	Y25Cr13Ni2	Y2Cr13Ni2
	106	S43110	14Cr17Ni2①	1Cr17Ni2①
	107	S43120	17Cr16Ni2①	—
	108	S44070	68Cr17	7Cr17
	109	S44080	85Cr17	8Cr17
	110	S44096	108Cr17	11Cr17
	111	S44097	Y108Cr17	Y11Cr17

（续）

类　型	序　号	统一数字代号	新　牌　号	旧　牌　号
	112	S44090	95Cr18	9Cr18
	113	S45110	12Cr5Mo[1]	1Cr5Mo[1]
	114	S45610	12Cr12Mo[1]	1Cr12Mo[1]
	115	S45710	13Cr13Mo[1]	1Cr13Mo[1]
	116	S45830	32Cr13Mo	3Cr13Mo
	117	S45990	102Cr17Mo	9Cr18Mo
	118	S46990	90Cr18MoV	9Cr18MoV
	119	S46010	14Cr11MoV[1]	1Cr11MoV[1]
	120	S46110	158Cr12MoV[1]	1Cr12MoV[1]
4. 马氏体型	121	S46020	21Cr12MoV[1]	2Cr12MoV[1]
不锈钢和	122	S46250	18Cr12MoVNbN[1]	2Cr12MoVNbN[1]
耐热钢	123	S47010	15Cr12WMoV[1]	1Cr12WMoV[1]
（带呼应	124	S47220	22Cr12NiWMoV[1]	2Cr12NiMoWV[1]
注者）	125	S47310	13Cr11Ni2W2MoV[1]	1Cr11Ni2W2MoV[1]
	126	S47410	14Cr12Ni2WMoVNb[1]	1Cr12Ni2WMoVNb[1]
	127	S47250	10Cr12Ni3Mo2VN	—
	128	S47450	18Cr11NiMoNbVN[1]	2Cr11NiMoNbVN[1]
	129	S47710	13Cr14Ni3W2VB[1]	1Cr14Ni3W2VB[1]
	130	S48040	42Cr9Si2	4Cr9Si2
	131	S48045	45Cr9Si3	—
	132	S48140	40Cr10Si2Mo[1]	4Cr10Si2Mo[1]
	133	S48380	80Cr20Si2Ni[1]	8Cr20Si2Ni[1]
	134	S51380	04Cr13Ni8Mo2Al	—
	135	S51290	022Cr12Ni9Cu2NbTi[1]	—
	136	S51550	05Cr15Ni5Cu4Nb	—
5. 沉淀硬化	137	S51740	05Cr17Ni4Cu4Nb[1]	0Cr17Ni4Cu4Nb[1]
型不锈钢和	138	S51770	07Cr17Ni7Al[1]	0Cr17Ni7Al[1]
耐热钢（带	139	S51570	07Cr15Ni7Mo2Al[1]	0Cr15Ni7Mo2Al[1]
呼应注者）	140	S51240	07Cr12Ni4Mn5Mo3Al	0Cr12Ni4Mn5Mo3Al
	141	S51750	09Cr17Ni5Mo3N	—
	142	S51778	06Cr17Ni7AlTi[1]	—
	143	S51525	06Cr15Ni25Ti2MoAlVB[1]	0Cr15Ni25Ti2MoAlVB[1]

[1] 耐热钢或可作耐热钢使用。

3.2　钢铁材料牌号统一数字代号体系

用数字代号表示钢铁牌号在国外已有多年，如德国数字代号为 1.7225 的钢，相当于我国的 42CrMo 钢。为了便于利用计算机进行数据存储和检索，我国制定了 GB/T 17616—2013《钢铁及合金牌号统一数字代号体系》（简称"ISC"代号），统一了钢铁及合金的所有产品牌号表示形式，对原有繁杂冗长的牌号进行了简化，便于生产使用。

例如：U12352 这样一个 6 位符号组成的代码，代表了 Q235A 牌号，其中"U"代表非合金钢，"1"代表一般结构及工程结构钢，"235"代表钢的屈服强度最小值为 235MPa，"2"代表了是 A 级钢。

字母和数字的编排不能由生产单位自己制定，国家标准是有相关规定的。

3.2.1　统一数字代号编排总原则

1）统一数字代号由固定的 6 位符号组成，左边第一位用大写的拉丁字母作前缀（一般不使用"I"和"O"字母），后接 5 位阿拉伯数字。不使用"I"和"O"，是为了避免与数字"1"和"0"发生混淆。

2）每一个统一数字代号只适用于一个产品牌号；反之，每一个产品牌号只对应于一个统一数字代号。当产品牌号取消后，原对应的统一数字代号不再分配给另一个产品牌号。

3）凡纳入国家标准和行业标准的钢铁及合金产品都有统一数字代号，与产品牌号相互对照，两种表示方法均有效。

3.2.2　钢铁材料的类型与统一数字代号

钢铁材料的类型由一个大写的拉丁字母表示，构成统一数字代号的第一个符号。我国目前已使用了 15 个字母，我国钢铁材料的类型与统一数字代号的第一位见表 3-10。

表 3-10　我国钢铁材料的类型与统一数字代号的第一位

代号的第一位（字母）	钢铁及合金的类型
A	合金结构钢
B	轴承钢
C	铸铁、铸钢及铸造合金
E	电工用钢和纯铁
F	铁合金和生铁
H	高温合金和耐蚀合金
J	精密合金及其他特殊物理性能材料
L	低合金钢
M	杂类材料

（续）

代号的第一位（字母）	钢铁及合金的类型
P	粉末及粉末材料
Q	快淬金属及合金
S	不锈、耐蚀及耐酸钢
T	工具钢
U	非合金钢
W	焊接用钢及合金

3.3　有色金属材料牌号表示方法

3.3.1　铝及铝合金牌号（代号）表示方法

1. 铸造铝及铝合金牌号表示方法

（1）铸造纯铝　铸造纯铝牌号由铸造代号"Z"（"铸"的汉语拼音第一个字母）和基体金属的化学元素符号 Al，以及表明产品纯度百分含量的数字组成，如 ZAl99.5。

（2）铸造铝合金　铸造铝合金牌号由铸造代号"Z"和基体金属的化学元素符号 Al、主要合金化学元素符号，以及表明合金化元素名义百分含量的数字组成。

1）当合金化元素多于两个时，合金牌号中应列出足以表明合金主要特性的元素符号及其名义百分含量的数字。

2）合金化元素符号按其名义百分含量递减的次序排列。当名义含量相等时，则按元素符号字母顺序排列。当需要表明决定合金类别的合金化元素首先列出时，不论其含量多少，该元素符号均应置于基体元素符号之后。

3）除基体元素的名义百分含量不标注外，其他合金化元素的名义百分含量均标注于该元素符号之后。当合金化元素含量规定为大于或等于1%（质量分数）的某个范围时，采用其平均含量的修约化整值。必要时也可用带一位小数的数字标注。合金化元素含量小于1%（质量分数）时，一般不标注，只有对合金性能起重大影响的合金化元素，才允许用一位小数标注其平均含量。

4）数值修约按 GB/T 8170—2008 的规定进行。

5）对具有相同主成分，需要控制低间隙元素的合金，在牌号后的圆括弧内标注 ELI。

6）对杂质限量要求严，性能要求高的优质合金，在牌号后面标注大写字母"A"表示优质。

示例：

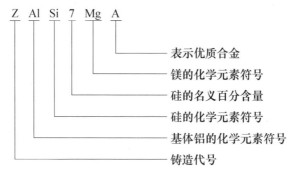

注：除铸造铝及铝合金外，其他铸造非金属材料的牌号参照以上方法进行表示。

（3）压铸铝合金 压铸铝合金牌号由压铸铝合金代号"YZ"（"压"和"铸"的汉语拼音第一个字母）和基体金属的化学元素符号 Al、主要合金化学元素符号，以及表明合金化元素名义百分含量的数字组成，如 YZAlSi10Mg。

2. 铸造铝合金代号表示方法

1）铸造铝合金（除压铸外）代号由字母"Z""L"（它们分别是"铸""铝"的汉语拼音第一个字母）及其后的三个阿拉伯数字组成。ZL 后面第一个数字表示合金系列，其中 1、2、3、4 分别表示铝硅、铝铜、铝镁、铝锌系列合金，ZL 后面第二、三两个数字表示顺序号。优质合金在数字后面附加字母"A"。

示例：

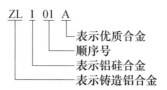

2）压铸铝合金代号由字母"Y""L"（它们分别是"压""铝"的汉语拼音第一个字母）及其后的三个阿拉伯数字组成。YL 后面第一个数字表示合金系列，其中 1、2、3、4 分别表示铝硅、铝铜、铝镁、铝锡系列合金，YL 后面第二、三两个数字表示顺序号。

示例：

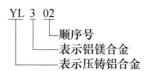

3. 变形铝及铝合金牌号表示方法

变形铝及铝合金牌号表示方法见表3-11，铝及铝合金的组别见表3-12。

表3-11　变形铝及铝合金牌号表示方法

四位字符体系牌号命名方法	四位字符体系牌号的第一、三、四位为阿拉伯数字，第二位为英文大写字母（C、I、L、N、O、P、Q、Z字母除外）。牌号的第一位数字表示铝及铝合金的组别，见表3-12。除改型合金外，铝合金组别按主要合金元素（6×××系按 Mg_2Si ）来确定，主要合金元素指极限含量算术平均值最大的合金元素。当有一个以上的合金元素极限含量算术平均值同为最大时，应按 Cu、Mn、Si、Mg、Mg_2Si、Zn、其他元素的顺序来确定合金组别。牌号的第二位字母表示原始纯铝或铝合金的改型情况，最后两位数字用以表示同一组中不同的铝合金或表示铝的纯度
纯铝的牌号命名法	铝的质量分数不低于99.00%时为纯铝，其牌号用1×××系列表示。牌号的最后两位数字表示最低铝百分含量（质量分数）。当最低铝的质量分数精确到0.01%时，牌号的最后两位数字就是最低铝百分含量中小数点后面的两位。牌号第二位的字母表示原始纯铝的改型情况。如果第二位的字母为A，则表示原始纯铝；如果是B～Y的其他字母，则表示原始纯铝的改型，与原始纯铝相比，其元素含量略有改变
铝合金的牌号命名法	铝合金的牌号用2×××～8×××系列表示。牌号的最后两位数字没有特殊意义，仅用来区分同一组中不同的铝合金。牌号第二位的字母表示原始合金的改型情况。如果牌号第二位的字母是A，则表示原始合金；如果是B～Y的其他字母（按国际规定用字母表的次序运用），则表示原始合金的改型合金。改型合金与原始合金相比，化学成分的变化，仅限于下列任何一种或几种情况： 1）一个合金元素或一组组合元素①形式的合金元素，极限含量算术平均值的变化量应符合表3-13规定 2）增加或删除了极限含量算术平均值不超过0.30%（质量分数）的一个合金元素；增加或删除了极限含量算术平均值不超过0.40%（质量分数）的一组组合元素①形式的合金元素 3）为了同一目的，用一个合金元素代替了另一个合金元素 4）改变了杂质的极限含量 5）细化晶粒的元素含量有变化

① 组合元素是指在规定化学成分时，对某两种或两种以上的元素总含量规定极限值时，这两种或两种以上的元素的统称。

表3-12　铝及铝合金的组别

组　别	牌号系列
纯铝（铝的质量分数不小于99.00%）	1×××
以铜为主要合金元素的铝合金	2×××
以锰为主要合金元素的铝合金	3×××
以硅为主要合金元素的铝合金	4×××
以镁为主要合金元素的铝合金	5×××
以镁和硅为主要合金元素并以 Mg_2Si 相为强化相的铝合金	6×××
以锌为主要合金元素的铝合金	7×××
以其他合金元素为主要合金元素的铝合金	8×××
备用合金组	9×××

表 3-13　合金元素极限含量的变化量

原始合金中的极限含量（质量分数） 算术平均值范围（%）	极限含量（质量分数）算术 平均值的变化量（%）
≤1.0	≤0.15
>1.0~2.0	≤0.20
>2.0~3.0	≤0.25
>3.0~4.0	≤0.30
>4.0~5.0	≤0.35
>5.0~6.0	≤0.40
>6.0	≤0.50

注：改型合金中的组合元素极限含量的算术平均值，应与原始合金中相同组合元素的算术平均值或各相同元素（构成该组合元素的单个元素）的算术平均值之和相比较。

变形铝及铝合金新旧牌号对照见表 3-14。

表 3-14　变形铝及铝合金新旧牌号对照

新　牌　号	旧　牌　号	新　牌　号	旧　牌　号
1035	L4	2A04	LY4
1050	L3	2A06	LY6
1060	L2	2A10	LY10
1070	L1	2A11	LY11
1100	L5-1	2B11	LY8
1200	L5	2A12	LY12
5056	LF5-1	2B12	LY9
5083	LF4	2A13	LY13
6061	LD30	2A14	LD10
6063	LD31	2A16	LY16
6070	LD2-2	2B16	LY16-1
7003	LC12	2A17	LY17
1A99	LG5	2A20	LY20
1A97	LG4	2A21	214
1A93	LG3	2A25	215
1A90	LG2	2A49	149
1A85	LG1	2A50	LD5
1A50	LB2	2B50	LD6
1A30	L4-1	2A70	LD7
2A01	LY1	2B70	LD7-1
2A02	LY2	2A80	LD8

（续）

新　牌　号	旧　牌　号	新　牌　号	旧　牌　号
2A90	LD9	5A43	LF43
3A21	LF21	5A66	LT66
4A01	LT1	6A01	6N01
4A11	LD11	6A02	LD2
4A13	LT13	6B02	LD2-1
4A17	LT17	6A51	651
4A91	491	7A01	LB1
5A01	LF15	7A03	LC3
5A02	LF2	7A04	LC4
5A03	LF3	7A05	705
5A05	LF5	7B05	7N01
5B05	LF10	7A09	LC9
5A06	LF6	7A10	LC10
5B06	LF14	7A15	LC15
5A12	LF12	7A19	LC19
5A13	LF13	7A31	183-1
5A30	LF16	7A33	LB733
5A33	LF33	7A52	LC52
5A41	LT41	8A06	L6

4. 变形铝及铝合金基础状态代号及名称

变形铝及铝合金基础状态代号及名称见表 3-15。

表 3-15　变形铝及铝合金基础状态代号及名称

序　号	代　号	名　称
1	F	自由加工状态
2	O	退火状态
3	H	加工硬化状态
4	W	固溶处理状态
5	T	热处理状态
	T0	固溶处理后，经自然时效再通过加工的状态
	T1	由高温成形过程冷却，然后自然时效至基本稳定状态
	T2	由高温成形过程冷却，经冷加工后自然时效至基本稳定状态
	T3	固溶热处理后进行冷加工，再经自然时效至基本稳定状态
	T4	固溶热处理后自然时效至基本稳定状态
	T5	由高温成形过程冷却，然后进行人工时效的状态
	T6	固溶热处理后进行人工时效的状态

（续）

序　号	代　号	名　称
5	T7	固溶热处理后进行过时效的状态
	T8	固溶热处理后经冷加工，然后进行人工时效的状态
	T9	固溶热处理后经人工时效，然后进行冷加工的状态
	T10	由高温成形过程冷却，进行冷加工，然后人工时效的状态

注：1. 代号 W 是一种不稳定状态，仅适用于经固溶状态处理后，室温下自然时效的合金，表示产品处于自然时效阶段。

　　2. 代号 T 不同于 F、O、H 状态，适用于处理后，经过（或不经过）加工硬化达到稳定状态的产品。T 代号后必须跟有一位或多位阿拉伯数字。

　　3. 某些 6XXX 系列合金，无论是炉内固溶处理，还是从高温成形过程急冷以保留可溶性组分在固溶体中，均能达到相同的热处理效果，这些合金的 T3、T4、T6、T7、T8 和 T9 状态可采用上述两种处理方法的任一种。

　　4. 在 TX 状态代号后再添加一位阿拉伯数字（称作 TXX 状态），或添加二位阿拉伯数字（称作 TXXX 状态），表示经过了明显改变产品特性的特定工艺处理的状态。

3.3.2　镁及镁合金牌号（代号）表示方法

1. 铸造镁及镁合金牌号表示方法

1）铸造镁及镁合金牌号表示方法：

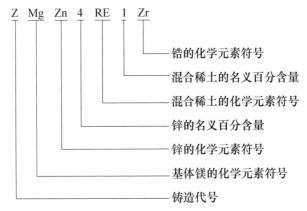

2）压铸镁合金　压铸镁合金牌号由压铸镁合金代号"YZ"（"压"和"铸"的汉语拼音第一个字母）和基体金属的化学元素符号 Mg、主要合金化学元素符号，以及表明合金化元素名义百分含量的数字组成，如 YZMgAl2Si。

2. 铸造镁合金代号表示方法

1）铸造镁合金（除压铸外）代号由字母"Z""M"（它们分别是"铸""镁"的汉语拼音第一个字母）及其后的一个阿拉伯数字组成。ZM 后面数字表示合金的顺序号。示例：

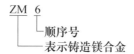

ZM 6
└顺序号
└表示铸造镁合金

2）压铸镁合金代号由字母"Y""M"（它们分别是"压""镁"的汉语拼音第一个字母）及其后的三个阿拉伯数字组成。YM 后面第一个数字表示合金系列，其中 1、2、3 分别表示镁铝硅、镁铝锰、镁铝锌系列合金，YM 后面第二、三两个数字表示顺序号。示例：

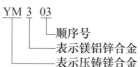

YM 3 03
└顺序号
└表示镁铝锌合金
└表示压铸镁合金

3. 变形镁及镁合金牌号表示方法

变形镁及镁合金牌号表示方法如下：

1）纯镁牌号以 Mg 加数字的形式表示，Mg 后的数字表示 Mg 的质量分数。

2）镁合金牌号以英文字母加数字再加英文字母的形式表示。前面的英文字母是其最主要的合金组成元素代号（元素代号符合表 3-16 的规定，可以是一位也可以是两位），其后的数字表示其最主要的合金组成元素的大致含量。最后面的英文字母为标识代号，用以标识各具体组成元素相异或元素含量有微小差别的不同合金。

表 3-16　镁及镁合金中的元素代号

元素代号	元素名称	元素代号	元素名称
A	铝	M	锰
B	铋	N	镍
C	铜	P	铅
D	镉	Q	银
E	稀土	R	铬
F	铁	S	硅
G	钙	T	锡
H	钍	W	镱
K	锆	Y	锑
L	锂	Z	锌

示例：

3.3.3 铜及铜合金牌号表示方法

1. 铸造铜及铜合金牌号表示方法

1）铸造铜及铜合金牌号表示方法示例：

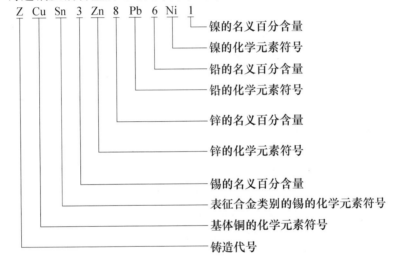

2）在加工铜及铜合金牌号的命名方法的基础上，牌号的最前端加上"铸造"一词汉语拼音的第一个大写字母"Z"。

以上两种牌号表示方法均符合要求。

2. 加工铜及铜合金牌号表示方法

加工铜及铜合金牌号表示方法如下：

（1）铜和高铜合金牌号表示方法 高铜合金是指以铜为基体金属，在铜中加入一种或几种微量元素以获得某些预定特性的合金。一般铜的质量分数为96%～99.3%之间，用于冷、热压力加工。铜和高铜合金牌号中不体现铜的含量，其命名方法如下：

1）铜以"T＋顺序号"或"T＋第一主添加元素化学符号＋各添加元素含量（质量分数，数字间以"-"隔开）"命名。

示例1：铜的质量分数（含银）≥99.90%的二号纯铜的牌号为：

示例 2：银的质量分数为 0.06% ~ 0.12% 的银铜的牌号为：

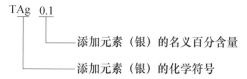

示例 3：银的质量分数为 0.08% ~ 0.12% 、磷的质量分数为 0.004% ~ 0.012% 的银铜的牌号为：

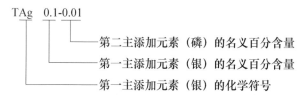

2）无氧铜以 "TU + 顺序号" 或 "TU + 添加元素的化学符号 + 各添加元素含量（质量分数）" 命名。

示例 1：氧的质量分数 ≤0.002% 的一号无氧铜的牌号为：

示例 2：银的质量分数为 0.15% ~ 0.25% 、氧的质量分数 ≤0.003% 的无氧银铜的牌号为：

3）磷脱氧铜以 "TP + 顺序号" 命名。

示例：磷的质量分数为 0.015% ~ 0.040% 的二号磷脱氧铜的牌号为：

4）高铜合金以 "T + 第一主添加元素化学符号 + 各添加元素含量（质量分数，数字间以 "-" 隔开）" 命名。

示例：铬的质量分数为 0.50% ~ 1.50% 、锆的质量分数为 0.05% ~ 0.25% 的高铜的牌号为：

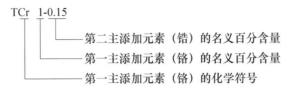

TCr 1-0.15

第二主添加元素（锆）的名义百分含量

第一主添加元素（铬）的名义百分含量

第一主添加元素（铬）的化学符号

（2）黄铜牌号表示方法 黄铜中锌为第一主添加元素，但牌号中不体现锌的含量。其命名方法如下：

1）普通黄铜以"H＋铜含量（质量分数)"命名。

示例：铜的质量分数为63%～68%的普通黄铜的牌号为：

H65

铜的名义百分含量

2）复杂黄铜以"H＋第二主添加元素化学符号＋铜含量（质量分数）＋除锌以外的各添加元素含量（质量分数，数字间以"-"隔开)"命名。

示例：铅的质量分数为0.8%～1.9%、铜的质量分数57.0%～60.0%的铅黄铜的牌号为：

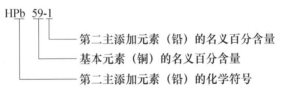

HPb 59-1

第二主添加元素（铅）的名义百分含量

基本元素（铜）的名义百分含量

第二主添加元素（铅）的化学符号

（3）青铜牌号表示方法 青铜以"Q＋第一主添加元素化学符号＋各添加元素含量（质量分数，数字间以"-"隔开)"命名。

示例1：铝的质量分数为4.0%～6.0%的铝青铜的牌号为：

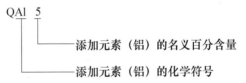

QAl 5

添加元素（铝）的名义百分含量

添加元素（铝）的化学符号

示例2：锡的质量分数为6.0%～7.0%、磷的质量分数为0.10%～0.25%的锡磷青铜的牌号为：

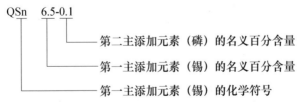

QSn 6.5-0.1

第二主添加元素（磷）的名义百分含量

第一主添加元素（锡）的名义百分含量

第一主添加元素（锡）的化学符号

（4）白铜牌号表示方法 白铜牌号命名方法如下：

1）普通白铜以"B＋镍含量（质量分数)"命名。

示例：镍的质量分数（含钴）为 29%～33% 的普通白铜的牌号为：

2）复杂白铜包括铜为余量的复杂白铜和锌为余量的复杂白铜：①铜为余量的复杂白铜，以"B + 第二主添加元素化学符号 + 镍含量（质量分数）+ 各添加元素含量（质量分数，数字间以"-"隔开)"命名；②锌为余量的锌白铜，以"B + Zn 元素化学符号 + 第一主添加元素（镍）含量（质量分数）+ 第二主添加元素（锌）含量（质量分数）+ 第三主添加元素含量（质量分数，数字间以"-"隔开)"命名。

示例 1：镍的质量分数为 9.0%～11.0% 、铁的质量分数为 1.0%～1.5% 、锰的质量分数为 0.5%～1.0% 的铁白铜的牌号为：

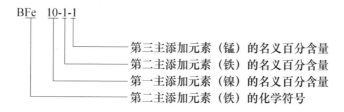

示例 2：铜的质量分数为 60.0%～63.0% 、镍的质量分数为 14.0%～16.0% 、铅的质量分数为 1.5%～2.0% 、锌为余量的含铅锌白铜的牌号为：

3. 再生铜及铜合金牌号表示方法

按 GB/T 29091—2012《铜及铜合金牌号和代号》的规定，再生铜及铜合金牌号表示方法如下：在加工铜及铜合金牌号的命名方法的基础上，牌号的最前端加上"再生"英文单词"recycling"的第一个大写字母"R"。

3.3.4　锌及锌合金牌号表示方法

根据 GB/T 8063—1994《铸造非铁金属及其合金牌号表示方法》、GB/T 13818—2009《压铸锌合金》、GB/T 2056—2005《电镀用铜、锌、镉、镍、锡阳极板》、GB/T 3610—2010《电池锌饼》、YS/T 565—2010《电池用锌板和锌带》的规定，锌及锌合金牌号表示方法见表3-17。

表3-17　锌及锌合金牌号表示方法

牌号名称	牌号举例	表示方法说明
铸造锌合金	ZZnAl4Cu1Mg	Z　Zn　Al　4　Cu　1　Mg 加有少量镁 铜的名义百分含量 铜的元素符号 铝的含义百分含量 铝的元素符号 基体金属锌的元素符号 铸造代号
压铸锌合金	YZZnAl4Cu1	Y　Z　Zn　Al　4　Cu　1 铜的名义百分含量 铜的元素符号 铝的名义百分含量 铝的元素符号 基体金属锌的元素符号 铸造代号 压力代号
加工锌　由锌锭加工成的锌制品	Zn99.95	与所用锌锭牌号相同，如电镀用锌阳极板
加工锌　锌饼、锌板和锌带	DX	包括锌饼、锌板和锌带等加工产品

3.3.5　钛及钛合金牌号表示方法

根据 GB/T 8063—1994《铸造非铁金属及其合金牌号表示方法》、GB/T 3620.1—2007《钛及钛合金牌号和化学成分》、GB/T 2524—2010《海绵钛》的规定，钛及钛合金牌号表示方法见表3-18。

表 3-18 钛及钛合金牌号表示方法

类别	牌号举例		牌号表示方法说明
	名称	牌号	
加工钛及钛合金	α钛及钛合金	TA1-M、TA4	TA 1 - M 状态——符号含义同铝合金状态，M表示退火状态 顺序号——金属或合金的顺序号 合金代号——表示金属或合金组织类型 {TA—α型Ti及合金 TB—β型Ti合金 TC—(α+β)型Ti合金}
	β钛合金	TB2	
	α+β钛合金	TC1、TC4、TC9	
铸造钛及钛合金	ZTiAl5Sn2.5（ELI）		Z Ti Al 5 Sn 2.5 (ELI) 低间隙元素的英文缩写 锡的名义百分含量 锡的化学元素符号 铝的名义百分含量 铝的化学元素符号 基体钛的化学元素符号 铸造代号
海绵钛	MHT-200		MHT - 200 布氏硬度的最大值 海绵钛的汉语拼音代号

3.3.6 镍及镍合金牌号表示方法

1. 铸造镍及镍合金牌号表示方法

铸造镍及镍合金牌号表示方法应符合 GB/T 8063—1994《铸造非铁金属及其合金牌号表示方法》的规定。

2. 加工镍及镍合金牌号表示方法

根据 GB/T 5235—2007《加工镍及镍合金化学成分和产品形状》、GB/T 6516—2010《电解镍》的规定，加工镍及镍合金牌号表示方法见表 3-19。

表3-19　加工镍及镍合金牌号表示方法

类　别	牌号示例	说　明
加工镍及镍合金	N4、NY1、NSi0.19、NMn2-2-1、NCu28-2.5-1.5M、NCr10	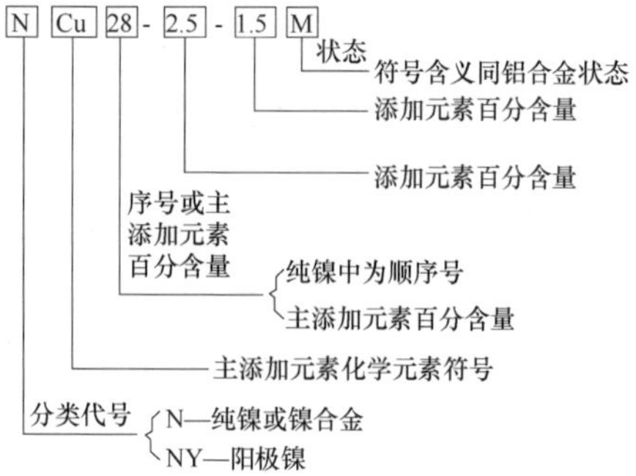
电解镍	Ni9990	表示镍含量不低于99.90%（质量分数）

3.3.7　稀土金属牌号表示方法

稀土金属及其合金牌号表示方法见表3-20，稀土金属及其合金级别代号见表3-21。

表3-20　稀土金属及其合金牌号表示方法

牌号层次及产品分类	牌号分三个层次，每个层次均用两位数字表示 第一层次表示稀土产品的大类，其分类见表3-21 第二层次（除00大类产品外）表示稀土产品的次类，其分类见表3-21 第三层次不表示产品分类，仅表示某一产品的级别（规格）
牌号组成	采用六位阿拉伯数字组表示牌号。其中： 第1、2位数字表示稀土产品的第一层次产品，即某一大类产品 第3、4位数字表示某一大类产品的第二层次的产品分类，即某一次类产品（除00大类产品外） 第5、6位数字表示某一产品的级别（规格）
表示方法	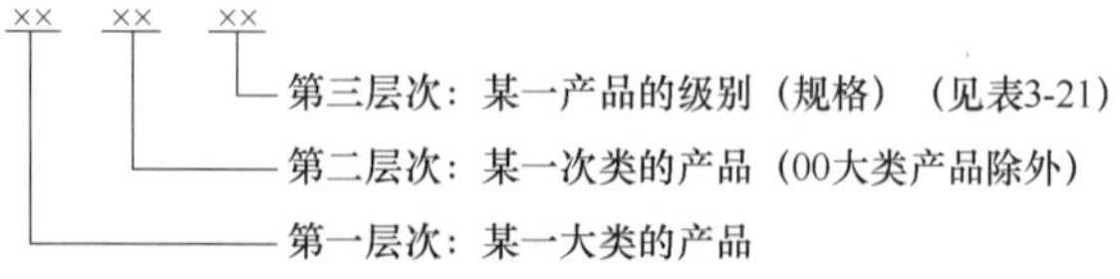

表 3-21　稀土金属及其合金级别代号

第一层次		第二层次		第三层次
第1、2位数字代号	大类产品的分类	第3、4位数字代号	次类产品的分类	第5、6位数字代号，表示产品的级别（规格）
00	稀土矿	00～99	①	
01	镧	00～04	富集物	
02	铈	05～09	氢氧化物	
03	镨	10～14	氧化物	
04	钕	15～19	氯化物	1）表示稀土（单一或总）的百分含量
05	钷	20～24	氟化物	当百分含量等于或大于90%（质量分数）时，用百分含量中"9"的个数及紧靠"9"后的第一位尾数组成的两位数表示。如"9"后无尾数或尾数为"0"时，即用百分含量中"9"的个数及后加一个"0"组成的两位数字表示。例如：96%表示为16，99.5%表示为25，99.999%表示为50
06	钐	25	硫化物	
07	铕	26	硼化物	
08	钆	27	氢化物	
09	铽	28	溴化物	
10	镝	29	碘化物	
11	钬	30～31	硝酸盐	当百分含量小于90%（质量分数）时，直接用百分含量前两位数字表示。如百分含量只有一位数字时，即在前面加"0"补足两位数字表示。例如：55%表示为55，18%表示为18，1%表示为01
12	铒	32～33	碳酸盐	
13	铥	34～35	硫酸盐	
14	镱	36～37	醋酸盐	
15	镥	38～39	草酸盐	2）凡不能以1）中方法表示的产品，如以性能、颗粒大小、尺寸规格等表示的或质量分数带小数点的产品，一律用两位数字的顺序号，从00～99依次对产品级别（规格）进行排序表示。当某一产品只有一个级别（规格）时，其第5、6位数字代号一律用"00"表示
16	钪	40～49	金属冶炼产品	
17	钇	50～59	合金冶炼产品	
18	钍	60～69	金属及合金粉	
19	混合稀土	70～79	金属及合金加工产品	3）在特殊情况下，如主要稀土百分含量要求相同，但其他成分（包括杂质）百分含量要求不同的产品，或当某一产品的主要技术要求相同，但其他要求不同时等情况，可在相同的第5、6位数字后依次加大写字母A、B、C、D等表示，以区别不同的产品
		80～89	应用产品	
		90～99	备用	
20	特殊产品	00～09	稀土发光材料	
		10～19	稀土催化剂	
		20～29	稀土添加剂	
		30～39	稀土磁致伸缩材料	
		40～49	稀土发热材料	
		50～59	稀土颜料	
		60～99	备用	
21～99	备用			

① 第一层次中的00大类的产品不分次类产品，其第3、4位数字直接按顺序号从00～99依次对产品进行排序。

3.3.8　贵金属及其合金牌号表示方法

贵金属及其合金牌号表示方法见表3-22。

表3-22　贵金属及其合金牌号表示方法

类　别	牌号举例	方法说明
冶炼产品	IC-Au99.99、SM-Pt99.999	□-□□ 产品纯度（用百分含量表示） 产品名称（用化学元素符号表示） 产品形状 { IC—英文字母，表示铸锭状金属 / SM—英文字母，表示海绵状金属 }
加工产品	Pl-Au99.999、W-Pt90Rh、W-Au93NiFeZr、St-Au75Pd、St-Ag30Cu	□-□□ 添加元素 { 纯金属无此项 / 二元及以上的合金依含量的多少依次用化学元素符号表示 } 基体元素含量 { 纯金属用百分含量 / 合金用基体元素的百分含量 } 产品名称（用纯金属及合金基体的化学元素符号表示） 产品形状（用英文字母表示：Pl—板材，Sh—片材，St—带材，F—箔材，T—管材，R—棒材，W—线材，Th—丝材） 注：若产品的基体元素为贱金属，添加元素为贵金属，则仍将贵金属作为基体元素放在第二项，第三项表示该贵金属的含量，贱金属元素放在第四项
复合材料	St-Ag99.95/QSn6.5~0.1、St-Ag90Ni/H62Y2、St-Ag99.95/T2/Ag99.95	□-□/□ 产品状态（M—软态，Y2—半硬态，Y—硬态，或省略） 贱金属牌号（表示方法参见现行国家标准） 贵金属牌号相关部分（表示方法同加工产品牌号表示方法中的第二项~第四项及"注"） 产品形状（表示方法同加工产品牌号表示方法中的第一项） 注：三层及三层以上复合材料，在第三项后面依次插入表示后面层的相关牌号，并以"/"相隔开
粉末产品	PAg-S6.0、PPd-G0.15	P□-□□ 粉末平均粒径（用单位为微米的粒径数值表示，当平均粒径为一范围时则取其上限值） 粉末形状 { S—（英文字母）表示片状 / G—（英文字母）表示球状 } 粉末名称（纯金属用元素符号；氧化物用分子式；合金用基体元素符号及其含量、添加元素符号，依次表示） 粉末产品代号（英文字母）

（续）

类　别	牌号举例	方法说明
钎料	BVAg72Cu-780、BAg70CuZn-690/740	B（□）□-□ 钎焊料熔化温度（共晶温度或固液相线温度） 钎焊料的基体元素及其含量、添加元素（表示方法同加工产品表示方法中第二项~第四项及"注"） 钎焊料用途（用大写英文字母表示，如V为电真空钎焊料） 钎焊料代号（英文字母） 注：若不强调钎料的用途，第二项可不用字母表示

3.4　鉴别金属材料牌号的简易方法

3.4.1　火花鉴别法

我们知道，金属牌号只有在用专业设备测定各个元素含量后才能确定，但是你能想象我只用肉眼就能看出来金属的牌号吗？当然，这一看并不是随便的一看，还需要专业的技能的，这种独特的金属牌号鉴别方法就是火花鉴别法。如图 3-1 所示，有经验的师傅观察这些火花就可以鉴别出来这几种钢的牌号。

火花鉴别法是利用试样在砂轮上磨削时发射出的火花来鉴别钢种的方法。这种方法快速、简便，在冶金和机械制造工厂的车间现场广泛用于鉴别钢种和废钢分类，也用于确定热处理后表面的碳含量。在没有其他分析手段的情况下，也用来大致估量钢材的成分。

1. 火花的形成

试样与高速旋转的砂轮接触时由于摩擦试样的温度急剧升高，被砂轮切削下来的颗粒以很高的速度抛射出去与空气摩擦温度继续升高发生激烈氧化甚至熔化，因而在运行中呈现出一条条光亮流线。这种被氧化颗粒的表面生成一层氧化铁薄膜，而颗粒内所含的碳元素，在高温下极易与氧结合成一氧化碳，又把氧化铁还原成铁，铁再与空气氧化，接着又被碳还原。如此多次重复，以致颗粒内聚积越来越多的一氧化碳气体，在压力足够时便冲破表面氧化膜，发生爆裂，形成爆花。流线和爆花的色泽、数量、形状、大小与试样的化学成分和物理特性有关，这就是鉴别的依据。

图 3-1　几种不同钢的火花

　　钢件在砂轮机上磨削出的火花形状及名称如图 3-2 所示。火花流线（简称流线）为钢件磨削时高温熔融状的钢铁屑末从砂轮上直接喷射出来形成的趋于直线状的光亮轨迹。流线的长度、亮度及颜色与化学成分相关。爆花为钢件磨削时，熔融态钢屑末在喷射中被强烈氧化爆裂而成。组成爆花的每一根细小流线称为芒线。在芒线之间的点状似花粉分布的亮点，称为花粉。

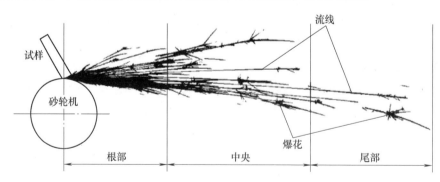

图 3-2　火花的形状及名称

　　火花鉴别是用肉眼观察，因此容易受操作经验的影响。为了减少错觉和误差，应制备已知成分的标准样块，在鉴别时进行比较。操作时磨削压力要适中，使火花束大致向水平方向发射。要选用黑色背景和较暗环境以增强鉴别能力。

应使用陶瓷结合剂砂轮，砂轮的粒度为 F36 或 F46。移动式砂轮直径为 100~150mm，固定式砂轮直径为 200~250mm。试验时，线速度一般应大于 20m/s，但不能超过所用砂轮的最高允许速度。

为防止风的影响、避免直射光及需调节周围的亮度时，可使用适合于进行火花试验的暗幕、屏障物或移动暗箱。

2. 标准试样

1）将已知化学成分的各种钢棒作为标准试样。标准试样一般为棒料，直径为 12~25mm，长度为 100~150mm。

2）标准试样的化学成分应按相关国家标准所规定的方法确定。

3）标准试样在试验前，应去除脱碳层、氧化层及气割层等，使其所产生的火花信息能准确代表该钢种。

4）标准试样应尽可能与待测件有相似的工艺过程。

3. 试验规则

1）试验应使用同一器具，并在相同条件下进行。

2）原则上试验应在适当的暗室内进行。若在室外或明亮处进行，则应使用辅助器具，可调节背景亮度，防止光线直射火花，使其对火花的颜色和亮度观察不造成影响。

3）进行试验时，应避免风的影响，尤其不可逆风产生火花。

4）首先去除待测件表面的脱碳层、氧化层及气割层等，使其能磨削出代表待测件真实化学成分的火花。

5）待测件、标准试样对砂轮的压力，或砂轮对待测件、标准试样的压力应尽量保持均匀、相等。原则上，所使用的压力应使碳含量（质量分数）为 0.2% 的碳素钢所产生的火花长度达 500mm 左右。

6）火花应向水平或斜上方喷溅。观察火花时，原则上应从流线后方或流线侧面观察，并可在一定条件下拍摄数码图像。

7）观察火花时，应在其根部、中央及尾部各部位，对火花的流线、流线上的爆花等特征按下列项目加以观察及判别：①流线，观察颜色、亮度、长度、粗细及条数等；②爆花，观察形状、大小、数量及花粉等；③手感度，明确硬或软。

4. 钢种推定的顺序

1）根据火花试验法，钢种推定顺序见表 3-23 和表 3-24。

表 3-23　有碳元素爆花试样的钢种推定顺序表

第 1 分类			第 2 分类			钢 种 推 定	
观察	特征	C 含量（质量分数）（%）	观察	特征	分类	特　征	推测钢种举例
爆花分叉	数根分叉	<0.25	特殊爆花	无特殊爆花，单碳元素爆花	碳素钢	—	普通碳素钢（08钢、20钢）优质碳素钢（Q235B）
						羽毛状	沸腾钢
				有特殊爆花	低合金钢	膨胀节、分裂剑花　Ni 菊花状、手感硬 根部附近破裂明显 $\}$Cr 枪尖尾花　　　　Mo	铬镍钢（12CrNi3）铬钢（20Cr）铬钼钢（20CrMo）
	数根分叉、多次花	0.25~0.5	特殊爆花	无特殊爆花，单碳元素爆花	碳素钢	—	碳素钢（30钢、45钢）
				有特殊爆花	低合金钢	膨胀节、分裂剑花　Ni 菊花状、手感硬 根部附近破裂明显 $\}$Cr 枪尖尾花　　　　Mo	铬镍钢（30CrNi3）铬钢（40Cr）铬钼钢（42CrMo）铬镍钼钢（5CrNiMo）
	分叉多、树枝状	>0.50	特殊爆花	无特殊爆花，单碳元素爆花	碳素钢	—	碳素工具钢（T10、T8）弹簧钢（85）
				有特殊爆花	低合金钢	菊花状、手感硬 根部附近破裂明显 $\}$Cr	轴承钢（GCr9、GCr15、GCr9Mn）
						苍耳果实状爆花　Si	合金弹簧钢（60Si2Mn）

表 3-24　无碳元素爆花试样的钢种推定顺序表

第 1 分类			第 2 分类			钢 种 推 定	
观察	特征	分类	观察	特　征	分类	特　征	推测钢种举例
流线颜色	橙色	橙色系	特殊爆花	无破裂	纯铁	—	纯铁
	略微发红的橙色	橙色系	特殊爆花	顶端膨胀节	不锈钢	有磁性	20Cr13
						无或弱磁性	06Cr19Ni10
	暗红色流线细	暗红色系	特殊爆花	无破裂，顶端附膨胀花	耐热钢	—	40Cr10Si2Mo
			特殊爆花	无破裂，断续波状流线	高速工具钢	菊花，小滴	W18Cr4V
						裂花，小滴	W18Cr4VCo5
						带顶附膨胀花	W6Mo5Cr4V2
			特殊爆花	带白须的枪状	合金工具钢		9CrWMn
				细的菊花状繁多	合金工具钢	—	Cr12、Cr12MoV

2）首先根据有无碳元素爆花，大致可区分为碳素钢、低合金钢或高合金钢两大类，应按表 3-23 及表 3-24 的顺序进一步推定钢种。

3）碳素钢、低合金钢的进一步推定方法如下：

① 首先根据碳元素爆花分叉数量及形态推定碳含量，大致分为碳含量（质量分数）为 <0.25%、0.25%~0.5% 及 >0.5% 三类（表 3-23 中的第 1 分类）。

② 若碳含量（质量分数）在 0.5% 以下，可能含 Ni、Cr、Si、Mo、Mn 等合金元素，或者碳含量（质量分数）在 0.5% 以上，除含以上的合金元素外，还含有 W、V 等合金元素，则根据表 3-23 中的第 2 分类检查是否含有这些特殊元素来推定是碳素钢还是低合金钢。

③ 若为低合金钢时，应观察合金元素的火花特征，根据其种类及含量来推定钢种。

4）高合金钢主要根据其流线的颜色来区分不锈钢、耐热钢、高速工具钢及合金工具钢（如表 3-24 的第 1、2 分类）。这些高合金钢因含有 Ni、Cr、Mo、W、V 及 Co 等合金元素，可根据其火花的特征观察出合金元素种类及含量来推定钢种。

5. 碳素钢的火花特征

碳素钢的火花特征见表 3-25，碳素钢的火花特性如图 3-25 所示，碳素钢火花的特征（碳的火花分叉）如图 3-4 所示。

表 3-25　碳素钢的火花特征

碳含量（质量分数）（%）	流线					火花分叉				手感度
	颜色	亮度	长度	粗细	数量	形状	大小	数量	花粉	
0.05 以下						无火花分叉但有刺				
0.05	橙色	暗	长	粗	少	2 分叉	小	少	无	软
0.10						3 分叉			无	
0.15						多分叉			无	
0.20						3 分叉，2 次花			无	
0.30						多分叉，2 次花			开始产生	
0.40						多分叉，3 次花			少	
0.50		明	长	粗		复杂	大			
0.60								多		
0.70										
0.80	红色	暗	短	细	多		小		多	硬
0.80 以上										

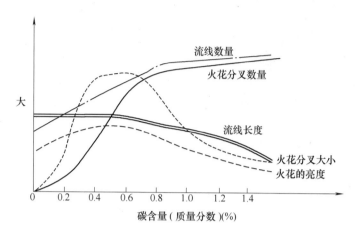

图 3-3　碳素钢的火花特征

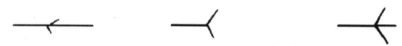

刺 [碳含量 (质量分数)0.05% 以下]　2 分叉 [碳含量 (质量分数) 约 0.05%]　3 分叉 [碳含量 (质量分数) 约 0.1%]

4 分叉 [碳含量 (质量分数) 约 0.1%]　多分叉 [碳含量 (质量分数) 约 0.15%]　星形分叉 [碳含量 (质量分数) 约 0.15%]

3 分叉, 2 次花 [碳含量 (质量分数) 约 0.2%]　多分叉, 2 次花 [碳含量 (质量分数) 约 0.3%]　多分叉, 3 次花 [碳含量 (质量分数) 约 0.4%]

多分叉, 3 次花, 附有花粉 [碳含量 (质量分数) 约 0.5%]　羽毛状花 (沸腾钢)

图 3-4　碳素钢火花的特征 (碳的火花分叉)

6. 碳素钢的火花参考图形

碳素钢的火花参考图形如图 3-5 ~ 图 3-11 所示。

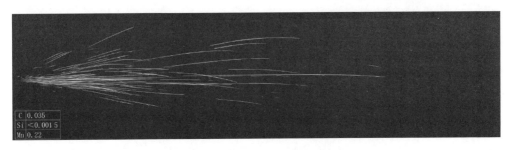

图 3-5 碳含量(质量分数)约 0.03% 钢的火花参考图
注:几乎只有流线,较粗大,可见少量毛刺。

图 3-6 碳含量(质量分数)约 0.08% 钢的火花参考图
注:以流线为主,有少量 2 分叉及 3 分叉的爆花。

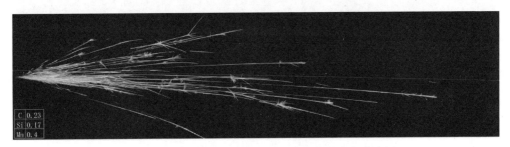

图 3-7 碳含量(质量分数)约 0.20% 钢的火花参考图
注:爆花中出现 3 分叉及 2 次花。

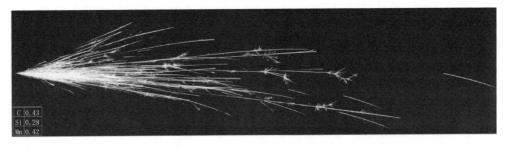

图 3-8 碳含量(质量分数)约 0.45% 钢的火花参考图
注:相对明亮些,爆花中出现 3 次分叉花。

图 3-9　碳含量（质量分数）约 0.60% 钢的火花参考图

注：流线多而亮，爆花分叉长，带有花粉。

图 3-10　碳含量（质量分数）约 0.80% 钢的火花参考图

注：流线相对短些，暗些，带红，爆花多但较小。

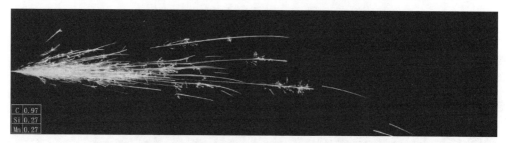

图 3-11　碳含量（质量分数）0.90% ~1.20% 钢的火花参考图

注：流线偏短，趋红色，爆花小。

7. 合金钢的火花特征

合金元素对火花特性的影响见表 3-26，合金元素的火花特征如图 3-12 所示。

表 3-26　合金元素对火花特性的影响

影响区别	合金元素	流线				爆花				手感度	特征	
		颜色	亮度	长度	粗细	颜色	形状	数量	花粉		形状	位置
助长碳火花分叉	Mn	黄白色	明	短	粗	白色	复杂，细树枝状	多	有	软	花粉	中央
	低 Cr	黄白色(低 C)	不变	长	不变	橙黄色(高 C)	菊花状(高 C)	不变	有(高 C)	硬	菊花状(高 C)	尾部
		橙黄色(高 C)	暗	短	细							
	V	变化少				变化少	细	多	—	—	—	—

（续）

影响 区别	合金 元素	流　　线				爆　　花				手感 度	特　　征	
		颜色	亮度	长度	粗细	颜色	形状	数量	花粉		形状	位置
阻止 碳火 花分 叉	W	暗红色	暗	短	细波状， 断续	红色	小滴， 狐狸尾	少	无	硬	狐狸尾	尾部
	Si	黄色	暗	短	粗	白色	白玉	少	无	—	白玉	中央
	Ni	红黄色	暗	短	细	红黄色	膨胀闪光	少	无	硬	膨胀闪光	中央
	Mo	橙黄带红	暗	短	细	橙黄 带红	箭头	少	无	硬	箭头	尾部
	高 Cr	黄色	暗	短	细	—	—	少	无	硬	—	—

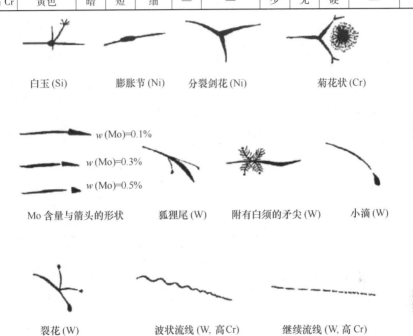

白玉 (Si)　　　　膨胀节 (Ni)　　　分裂剑花 (Ni)　　　　菊花状 (Cr)

w(Mo)=0.1%

w(Mo)=0.3%

w(Mo)=0.5%

Mo 含量与箭头的形状　　　狐狸尾 (W)　　　附有白须的矛尖 (W)　　　小滴 (W)

裂花 (W)　　　　波状流线 (W, 高 Cr)　　　继续流线 (W, 高 Cr)

图 3-12　合金元素的火花特征

8. 合金钢的火花参考图形

合金钢的火花参考图形如图 3-13 ~ 图 3-33 所示。

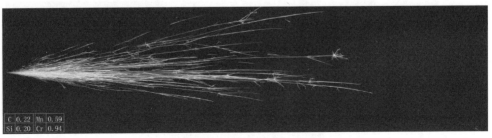

C	0.22	Mn	0.59
Si	0.20	Cr	0.94

图 3-13　20Cr 钢火花参考图

注：花根区火花类似 20 钢，色泽略为明亮。

图 3-14　40Cr 钢火花参考图

注：花根区域爆花略为明亮。

图 3-15　20CrMo 钢火花参考图

注：除有碳含量（质量分数）约 0.2% 钢的火花特征外，流线尾端可见 Mo 的箭头状特征。

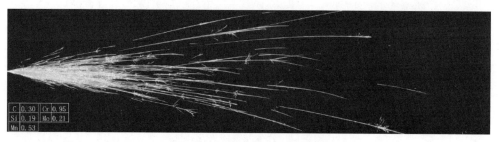

图 3-16　30CrMo 钢火花参考图

注：爆花及分叉较 20CrMo 相对多，隐约可见 Mo 的箭头状特征。

图 3-17　42CrMo 钢火花参考图

注：除有碳含量（质量分数）约 0.45% 钢的火花特征外，隐约可见 Mo 的箭头状特征。

图 3-18　20CrMnTi 钢火花参考图

注：具有 20 钢的火花特点，但爆花更亮，分叉更长些。

图 3-19　38CrMoAl 钢火花参考图

注：流线呈暗红色，爆花为多根分叉的一次花，部分爆花尖端有花粉，受 Al 影响，爆花量减少并有箭头状尾花。

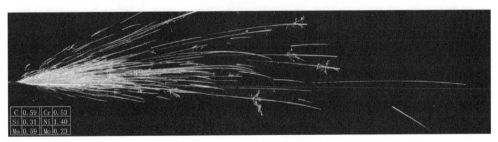

图 3-20　5CrNiMo 钢火花参考图

注：流线细，可见菊花状爆花（Cr）、膨胀节（Ni）及箭头状尾花（Mo）。

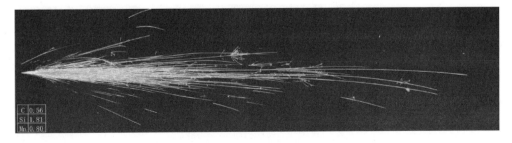

图 3-21　60Si2Mn 钢火花参考图

注：流线呈金黄色，有 60 钢的特征，但由于 Si 的抑制作用，爆花相对小，隐约可见 Si 的苍耳果实状特征花样。

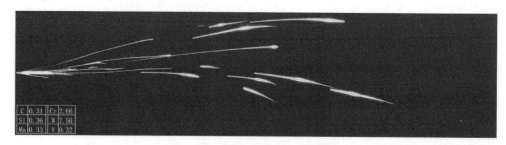

C	0.31	Cr	2.66
Si	0.36	W	7.56
Mn	0.33	V	0.32

图 3-22　3Cr2W8V 钢火花参考图

注：流线稍短、稀少，根部暗红，尾部明亮，尾端呈秃尾、狐尾状，部分流线呈断续状，无爆花。

C	0.15	Cr	0.88
Si	0.25	Ni	3.07
Mn	0.51		

图 3-23　12CrNi3A 钢火花参考图

注：从花根至中部可见膨胀闪光的特征。

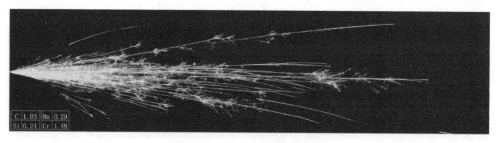

| C | 1.03 | Mn | 0.29 |
| Si | 0.24 | Cr | 1.48 |

图 3-24　GCr15 钢火花参考图

注：火花流线较细，爆花多、分叉多，中央及尾端都有花粉，根部爆花也较明显。

| C | 0.99 | Mn | 1.06 |
| Si | 0.55 | Cr | 1.56 |

图 3-25　GCr15SiMn 钢火花参考图

注：与 GCr15 相比，色泽偏红，花粉多，但爆花小些。

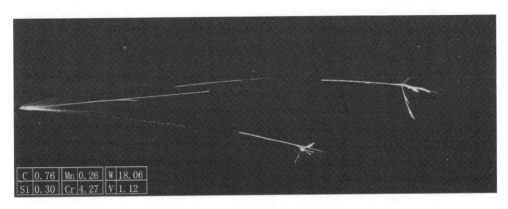

图 3-26　W18Cr4V 钢火花参考图

注：流线极暗，呈断续暗红色，尾部膨胀下垂，形成点状狐尾花（W 特征），无明显爆花。

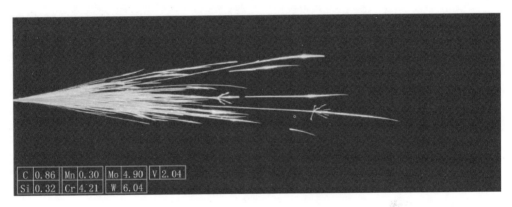

图 3-27　W6Mo5Cr4V2 钢火花参考图

注：流线比 W18Cr4V 钢明显增多、变粗且更亮，部分断续状，尾段有膨胀，有爆花。

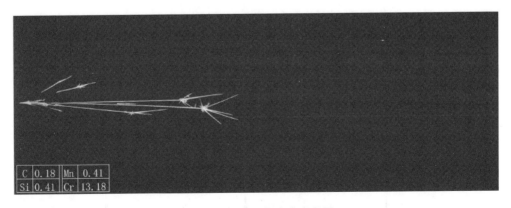

图 3-28　20Cr13 钢火花参考图

注：由于受高 Cr 影响，流线细、少、短，尾部相对明亮，出现较强烈爆花。

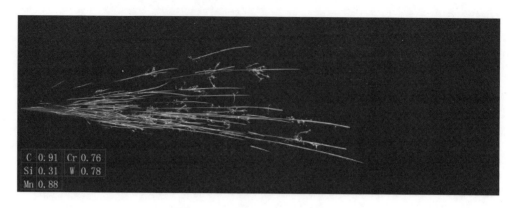

C 0.91	Cr 0.76
Si 0.31	W 0.78
Mn 0.88	

图 3-29　9CrWMn 钢火花参考图

注：流线细、短，根部呈暗红色，尾段较明亮，尾端秃状，爆花小大但多次分叉，有花粉。

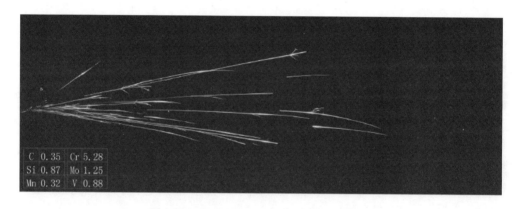

C 0.35	Cr 5.28
Si 0.87	Mo 1.25
Mn 0.32	V 0.88

图 3-30　4Cr5MoSiV1（H13）钢火花参考图

注：流线短，根部暗，在尾段膨胀，爆花多且小，但亮，在中段分叉少，刺状，尾段偶有星状花。

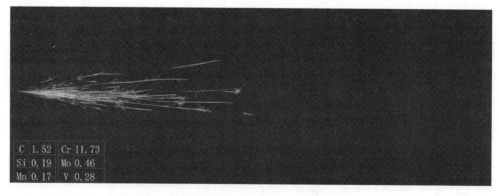

C 1.52	Cr 11.73
Si 0.19	Mo 0.46
Mn 0.17	V 0.28

图 3-31　Cr12MoV 钢火花参考图

注：流线细而短，根部密集，尾段可见大量菊花状爆花。

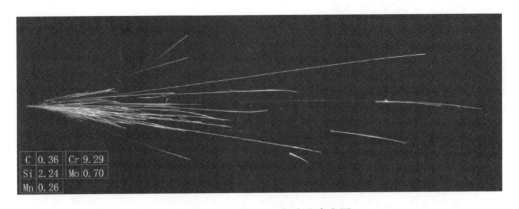

图 3-32　40Cr10Si2Mo 钢火花参考图

注：流线呈暗红色，较短，部分断续状，无碳素爆花，中部及尾端流线有少量白色膨胀。

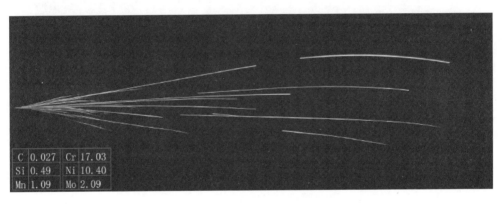

图 3-33　06Cr17Ni12Mo2 钢火花参考图

注：流线少，部分趋暗红，偶有断续，无爆花和毛刺，隐约可见因 Ni 的尾段膨胀。

3.4.2　断口鉴别法

　　材料或零部件因受某些物理、化学或机械因素的影响而导致破裂所形成的自然表面称为断口。生产现场常根据断口的自然形态来判定材料的韧脆性，还可以据此判定相同热处理状态下的材料碳含量的高低。①若断口呈纤维状，无金属光泽，颜色发暗，无结晶颗粒，且断口边缘有明显的变形特征，则表明钢材具有良好的塑性和韧性，碳含量较低；②若材料断口齐平，呈银灰色，具有明显的金属光泽和结晶颗粒，则表明材料属于脆性断裂；③过共析钢或合金钢经淬火及低温回火后，断口常呈亮灰色，具有绸缎光泽，类似于细瓷器断口特征。工业生产中常见的典型断口如图 3-34 所示。

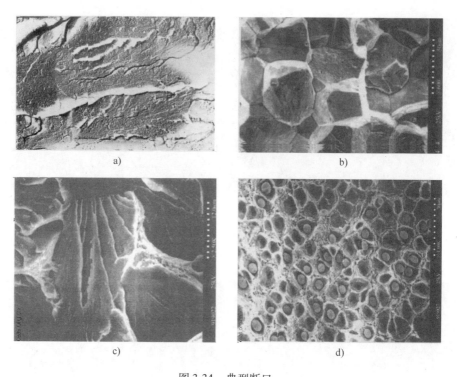

图 3-34　典型断口

a) 沿晶脆性断口　b) 解理脆性断口　c) 穿晶脆性断口　d) 韧窝状韧性断口

第 4 章

金属的晶体结构和组织

4.1 晶体结构的基本知识

物质由原子组成，原子的结合方式和排列方式决定了物质的性质。原子、离子、分子之间的结合力称为结合键，它们的具体组合状态称为结构。C_{60} 的原子结构如图 4-1 所示。

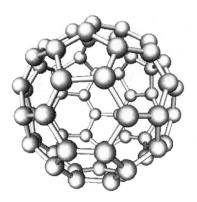

图 4-1 C_{60} 的原子结构

4.1.1 晶体和非晶体

1. 晶体

凡原子呈有序、规则排列的固体，都称为晶体，如图 4-2 所示。固态金属一般都是晶体。晶体具有一定的熔点，其性能表现为各向异性（晶体在不同方向上性质不同的特性）。

2. 非晶体

凡原子呈无序堆积或是无规则排列的固体，都称

图 4-2 晶体

为非晶体。非晶体没有固定的熔点，其性能表现为各向同性。

晶体和非晶体在一定条件下可以互相转化。例如，通常是晶态的金属，加热到液态后急冷，若冷却速度足够快，也可获得非晶态金属。非晶态金属与晶态金属相比，具有高的强度、硬度、韧性、耐蚀性等一系列优良性能。

4.1.2　晶格和晶胞

1. 晶格

晶体中的原子若看成是一个小球，则整个晶体就是由这些小球有序堆积而成的。为了形象、直观地表示晶体中原子的排列方式，可以把原子简化成一个点，并用假想的线将它们连接起来，这些直线将形成空间格架，抽象的用于描述原子在晶体中排列规律的空间格架称为晶格，如图4-3所示。晶格的结点为金属原子（或离子）平衡中心的位置。

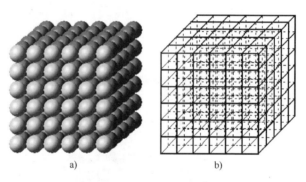

图4-3　原子排列与晶格

a）原子排列模型　b）晶格

2. 晶胞

如果晶体的晶格是由许多形状、大小相同的最小几何单元重复堆积而成的，则能够完整反映晶格特征的最小几何单元称为晶胞，如图4-4所示。晶胞的几何特征可以用晶胞的三条棱边长 a、b、c 和三条棱边之间的夹角 α、β、γ 等六个参数来描述，其中 a、b、c 为晶格常数。金属的晶格常数一般为 $1 \times 10^{-10} \sim 7 \times 10^{-10}$ m。

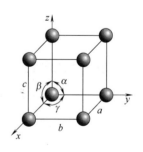

图4-4　晶胞

4.1.3　晶面和晶向

通过晶体中原子中心的平面称为晶面，通过原子中心的直线为原子列，其所代表的方向称为晶向。晶面和晶向可分别用晶面指数和晶向指数来表达，如

图 4-5 所示。

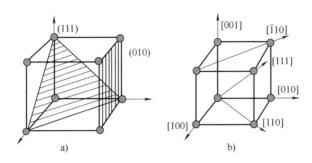

图 4-5　晶面指数和晶向指数

a）晶面指数　b）晶向指数

4.2　金属的晶体结构

金属材料通常都是晶体材料，金属的晶体结构指的是金属材料内部的原子（离子或分子）排列规律，它决定着材料的显微组织和材料的宏观性能。

4.2.1　金属晶体的特性

1）组成晶体的基本原子在三维空间是有一定规律的。

2）金属晶体具有确定的熔点。

3）金属晶体具有各向异性。

4.2.2　常见的金属晶格

1. 体心立方晶格

体心立方晶格（见图 4-6）的晶胞中，8 个原子处于立方体的角上，一个原子处于立方体的中心，角上 8 个原子与中心原子紧靠。体心立方晶胞特征如下：

1）晶格常数：$a = b = c$，$\alpha = \beta = \gamma = 90°$。

2）晶胞原子数：一个体心立方晶胞所含的原子数为 2 个。

3）晶胞中相距最近的两个原子之间距离的一半，或晶胞中原子密度最大的方向上相邻两原子之间距离的一半称为原子半径 r，

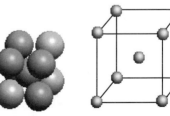

图 4-6　体心立方晶格

$r = \dfrac{\sqrt{3}}{4}a$。

4）晶胞中所包含的原子所占有的体积与该晶胞体积之比称为致密度（也称密排系数），体心立方晶胞的致密度为68%，即晶胞（或晶格）中有68%的体积被原子所占据，其余为空隙。

具有体心立方晶格的金属有钼、钨、钒、α-铁等。

2. 面心立方晶格

金属原子分布在立方体的8个角上和6个面的中心，面中心的原子与该面4个角上的原子紧靠，如图4-7所示。面心立方晶胞的特征如下：

1）晶格常数：$a = b = c$，$\alpha = \beta = \gamma = 90°$。

2）晶胞原子数为4。

3）原子半径 $r = \dfrac{\sqrt{2}}{4}a$。

4）致密度为74%。

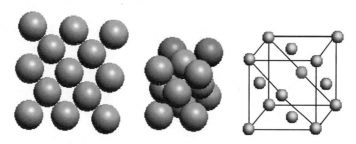

图4-7　面心立方晶格

具有面心立方晶格的金属有铝、铜、镍、金、银、γ-铁等。

3. 密排六方晶格

密排六方晶格如图4-8所示。密排六方晶胞特征如下：

1）晶格常数用底面正六边形的边长 a 和两底面之间的距离 c 来表达，两相邻侧面之间的夹角为120°，侧面与底面之间的夹角为90°。

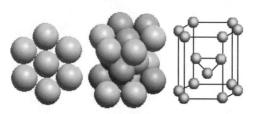

图4-8　密排六方晶格

2）晶胞原子数为 6 个。

3）原子半径 $r = a/2$。

4）致密度为 74%。

具有密排六方晶格的金属有镁、镉、锌、铍等。

以上三种晶格由于原子排列规律不同，它们的性质也不相同。一般来讲，晶体结构为体心立方晶格的金属材料，其强度较大而塑性相对差一些。晶体结构为面心立方晶格的金属材料，其强度较低而塑性较好。晶体结构为密排六方晶格的材料，其强度和塑性均较差。当同一种金属的晶格类型发生改变时，金属的性质也会随之发生改变。

4.2.3　金属的实际晶体结构

虽然晶体具有各向异性的特点，但工业生产上实际使用的金属材料一般不具有各向异性，这是因为实际应用的金属材料通常是多晶体结构。晶体内的晶格位向完全一致的晶体称为单晶体，由多晶粒组成的实际晶体结构称为多晶体。多晶体所包含的每一个小晶体内的晶格位向是一致的，但彼此方位不同。而实际的金属晶体由许多不同方位的晶粒所组成，晶粒与晶粒之间的界面称为晶界，如图 4-9 所示。由于每个晶粒的晶格位向不同，造成晶界上原子的排列不规则，它们自身的各向异性相互抵消，宏观表现出各向同性。

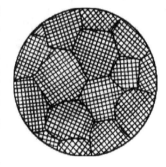

图 4-9　多晶体的晶粒与晶界

常温下金属的晶粒越细小，其强度和硬度就越高，塑性和韧性也越好。这是因为细晶粒金属晶界较多，晶格畸变较大，使金属的塑性变形抗力增大，从而使其强度和硬度提高，晶粒大小对纯铁力学性能的影响见表 4-1。

表 4-1　晶粒大小对纯铁力学性能的影响

晶粒平均直径/μm	抗拉强度 R_m/MPa	下屈服强度 R_{eL}/MPa	断后伸长率 $A_{11.3}$（%）
1.6	270	66	50.7
2.0	268	58	48.8
25	216	45	39.5
70	184	34	30.6

4.2.4　晶体的缺陷

金属晶体内部的某些局部区域，原子的规则排列受到干扰而被破坏，不像理想晶体那样规则和完整，存在许多不同类型的晶体缺陷。晶体缺陷包括点缺陷、线缺陷和面缺陷。

（1）点缺陷　点缺陷是指晶体在三维方向上尺寸很小的缺陷，有空位、间隙原子和置换原子三类。点缺陷的存在使金属能够比较容易地发生扩散现象。

1）空位（见图 4-10a）是指在正常的晶格结点位置上出现了空缺。

2）间隙原子（见图 4-10b）是指在晶格的非结点位置（往往是晶格空隙）出现的多余原子，它们可能是同类原子，也可能是异类原子。

3）置换原子（见图 4-10c）是指晶格结点上的原子被其他元素的原子所取代。

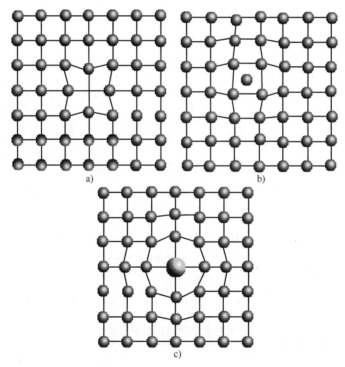

a)　　　　　　　　　　　b)

c)

图 4-10　点缺陷

a）空位　b）间隙原子　c）置换原子

（2）线缺陷　线缺陷（见图 4-11）是指晶体中呈线状分布的缺陷，它的具体形式就是各种类型的位错，如刃型位错、螺型位错和混合型位错。位错的存在使金属能够比较容易地发生塑性变形。图 4-12 所示为透射电子显微镜下钛合金中的位错线（黑线）。

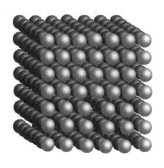
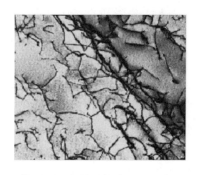

图 4-11　线缺陷　　　　图 4-12　透射电子显微镜下钛合金中的位错线（黑线）

（3）面缺陷　面缺陷（见图 4-13）是指在晶体的三维空间中，一维方向上尺寸很小，而另外两维方向上的尺寸较大的缺陷。面缺陷的存在使金属的强度提高。

图 4-13　面缺陷

4.3　合金的晶体结构

纯金属虽然具有优良的导电性、导热性、化学稳定性和美丽的金属光泽，但几乎各种纯金属的强度、硬度、耐磨性等力学性能都较低，而且纯金属的种类有限，应用受到限制，工业生产中实际应用的金属材料大多为合金。

4.3.1　合金的基本概念

（1）合金　一种金属元素同另一种或几种其他元素，通过熔化或其他方法结合在一起所形成的具有金属特性的物质。

（2）组元　组成合金的独立的、最基本的单元称为组元。组元可以是金属、非金属元素或稳定化合物。由两个或多个组元组成的合金称为二元合金或多元合金。铁碳合金就是由铁和碳两个组元组成的二元合金，锰黄铜就是由锰、铜、锌和其他元素组成的多元合金。

（3）组织 是指用肉眼或借助于放大镜、显微镜观察到的材料内部的形态结构。一般将用肉眼和放大镜观察到的组织称为宏观组织，在显微镜下观察到组织称为显微组织。

（4）相 在金属或合金中，凡化学成分相同、晶体结构相同并有界面与其他部分分开的均匀组成部分称为相。

4.3.2 合金的相和组织

固态合金的组织可以由单相组成，也可以由两个或两个以上的基本相组成。

1. 固溶体

组成固溶体的组元有溶剂和溶质，溶质原子溶于溶剂晶格中而仍保持溶剂晶格类型的金相称为固溶体，固溶体用 α、β、γ 等符号表示。

按溶质原子在溶剂晶格中的位置，固溶体可分为置换固溶体与间隙固溶体两种。按溶质原子在溶剂中的溶解度，固溶体可分为有限固溶体和无限固溶体两种。按溶质原子在固溶体中分布是否有规律，固溶体可分为无序固溶体和有序固溶体两种。

（1）间隙固溶体 溶质原子处于溶剂原子的间隙中形成的固溶体称为间隙固溶体，如图 4-14a 所示。由于溶剂晶格空隙有限，所以能溶解的溶质原子的数量也是有限的。溶剂晶格空隙尺寸很小，能形成固溶体的溶质原子一般是半径很小的非金属元素，如硼、氮、碳等非金属元素溶于铁中形成的固溶体。

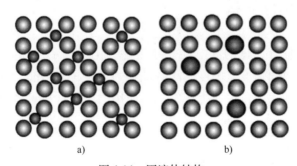

a)   b)

图 4-14 固溶体结构

a）间隙固溶体 b）置换固溶体

（2）置换固溶体 溶质原子置换了溶剂晶格结点上的某些原子形成的固溶

体称为置换固溶体，如图 4-14b 所示。

　　固溶体随着溶质原子的溶入晶格发生畸变，如图 4-15 所示。晶格畸变增大了位错运动的阻力，使金属的滑移变形变得更加困难，从而提高了合金的强度和硬度。这种通过形成固溶体使金属强度和硬度提高的现象称为固溶强化。固溶强化是金属强化的一种重要形式，在溶质含量适当时，可显著提高材料的强度和硬度，而塑性和韧性也没有明显降低。因此，适当控制固溶体中的溶质含量，可以在显著提高金属材料强度和硬度的同时，保持良好的塑性和韧性。

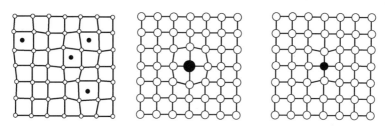

图 4-15　固溶体的晶格畸变

○—溶剂原子　●—溶质原子

2. 金属化合物

　　金属化合物是指合金组元发生相互作用而形成的一种具有金属特征的物质，可用化学分子式表示。金属化合物可分为正常价化合物、电子化合物和间隙化合物。金属化合物的晶格类型不同于任一组元，具有复杂的晶体结构，熔点一般较高，性能硬而脆，很少单独使用。当它在合金组织中呈细小均匀分布时，能使合金的强度、硬度和耐磨性明显提高，称为弥散强化。金属化合物主要用来作为碳钢、各类合金钢、硬质合金及有色金属的重要组成相、强化相。

3. 合金的组织

　　合金的组织组成分为以下几种状况：①由单相固溶体晶粒组成；②由单相的金属化合物晶粒组成；③由两种固溶体的混合物组成；④由固溶体和金属化合物混合组成。

4.4　金属的结晶

4.4.1　结晶的条件

　　纯金属在缓慢的冷却条件下的结晶温度与缓慢加热条件下的熔化温度是同一温度，称为理论结晶温度，用 T_0 表示。

　　实际生产中，金属结晶时的冷却速度往往较快，液态金属总是冷却到理论结晶温度以下的某一温度 T_1 才开始结晶，如图4-16所示。金属实际结晶温度低于理论结晶温度的这一现象叫作"过冷"，两者的温度之差称为过冷度。过冷是金属能够自动进行结晶的必要条件，金属结晶时，过冷度的大小与冷却速度有关。冷却速度越快，金属开始结晶温度越低，过冷度就越大。

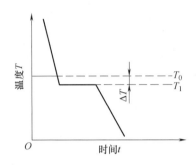

图4-16　纯金属实际结晶时的冷却曲线

4.4.2　纯金属的结晶过程

　　液态金属的结晶是在一定过冷度的条件下，从液体中首先形成一些按一定晶格类型排列的细小而稳定的晶体（称为晶核），然后以它为核心逐渐长大。在晶核长大的同时，液体中又不断产生新的晶核并不断长大，直到它们互相接触，金属液全部消失为止。金属的结晶过程（见图4-17）是晶核的形成与长大的过程。

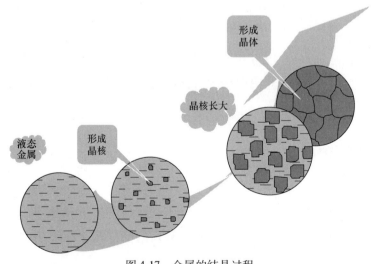

图4-17　金属的结晶过程

实际金属结晶主要以树枝状长大。这是由于存在负温度梯度，且晶核棱角处的散热条件好，生长快，先形成一次轴，一次轴又会产生二次轴……树枝间最后被填充，如图 4-18 所示。

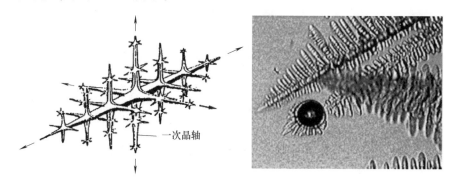

一次晶轴

图 4-18　结晶过程中的树枝晶

4.4.3　细化晶粒

金属结晶后，获得由大量晶粒组成的多晶体。一个晶粒是由一个晶核长成的晶体，实际金属的晶粒在显微镜下呈颗粒状。晶粒大小可用晶粒度（见表 4-2）来表示，晶粒度号越大晶粒越细。

表 4-2　晶粒度

晶　粒　度	1	2	3	4	5	6	7	8
单位面积晶粒数/（个/mm²）	16	32	64	128	256	512	1024	2048
晶粒平均直径/mm	0.250	0.177	0.125	0.088	0.062	0.044	0.031	0.022

在一般情况下，晶粒越小，则金属的强度、塑性和韧性越好。所以工程上使晶粒细化是提高金属力学性能的重要途径之一，这种方法称为细晶强化。细化铸态金属晶粒有以下措施：

（1）增大金属的过冷度　一定体积的液态金属中，若成核速率 N［单位时间单位体积形成的晶核数，单位为个/（$m^3 \cdot s$）］越大，则结晶后的晶粒越多，晶粒就越细小，晶体长大速度 G（单位时间晶体长大的长度，单位为 m/s）越快，则晶粒越粗，如图 4-19 所示。随着过冷度的增加，形核速率和长大速度均会增大。但当过冷度超过一定值后，成核速率和长大速度都会下降。对于液体金属，一般不会得到如此大的过冷度。所以，随着过冷度的增大，成核速率和长大速度都增大，但前者的增大速度更快，因而比值 N/G 也增大，结果使晶粒细化。增大过冷度的主要办法是提高液态金属的冷却速度，采用冷却能力较强的模子。例如，采用金属型铸模比采用砂型铸模获得的铸件晶粒要细小。

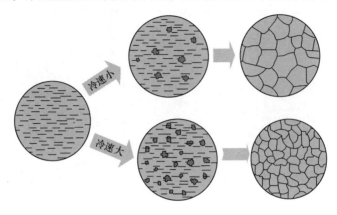

图 4-19   冷却速度对晶粒大小的影响

（2）变质处理   变质处理就是在液体金属中加入变质剂，以细化晶粒和改善组织的一种处理方法。变质剂的作用在于增加晶核的数量或者阻碍晶核的长大。例如，在铝合金液体中加入钛、锆，在钢液中加入钛、钒、铝等，都可使晶粒细化。变质处理细化晶粒如图 4-20 所示。

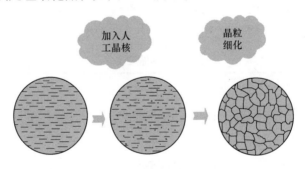

图 4-20   变质处理细化晶粒

（3）振动   金属在结晶时，对液态金属加以机械振动、超声波振动和电磁振动等措施，使生长中的枝晶破碎，这可以使已生长的晶粒因破碎而细化，而且破碎的枝晶又可作为结晶核心，增加形核率，达到细化晶粒的目的。

4.4.4   铁碳合金的组织

1. 铁素体

铁或其内部固溶有一种或数种其他元素所形成的晶体点阵为体心立方的固溶体，如图 4-21 所示，即 α-Fe 和以它为基础的固溶体。

碳溶入 δ-Fe 中形成间隙固溶体，呈体心立方晶格结构，因存在的温度较高，故称高温铁素体或 δ 固溶体，用 δ 表示，δ 存在的范围小，一般很少见到。碳溶入 α-Fe 中形成间隙固溶体，呈体心立方晶格结构，称为铁素体或 α 固溶体，用 α 或 F 表示，α 常用在相图标注中，F 常用在行文中。

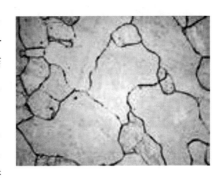

图 4-21　铁素体

室温下的铁素体的力学性能和纯铁相近，具有较好的塑性和韧性，但强度和硬度较低，要根据所生产的产品的要求来选择，不过铁素体在工业中应用较少，一般是与碳混合成其他的铁碳合金来参与生产。

2. 奥氏体

碳溶解在 γ-Fe 中形成的一种间隙固溶体，呈面心立方晶格结构（见图 4-22），无磁性，用符号 A 表示。奥氏体是一般钢在高温下的组织，其存在有一定的温度和成分范围。有些淬火钢能使部分奥氏体保留到室温，这种奥氏体称为残留奥氏体。在合金钢中除碳之外，其他合金元素也可溶于奥氏体中，并扩大或缩小奥氏体稳定区的温度和成分范围。例如，加入锰和镍能将奥氏体临界转变温度降至室温以下，使钢在室温下保持奥氏体组织，即所谓的奥氏体钢。

图 4-22　奥氏体

奥氏体是一种塑性很好、强度较低的固溶体，具有一定韧性，不具有铁磁性。因此，分辨奥氏体不锈钢刀具（常见的 18-8 型不锈钢）的方法之一就是用磁铁来判断刀具是否具有磁性。

3. 马氏体

马氏体（见图 4-23）是碳溶于 α-Fe 的过饱和的固溶体，是奥氏体通过无扩散型相变转变成的亚稳定相，用符号 M 表示。马氏体最初是在钢（中、高碳钢）中发现的：将钢加热到一定温度（形成奥氏体）后经迅速冷却（淬火），得到的能使钢变硬、增强的一种淬火组织。

对于学材料的人来说，"马氏体"的大

图 4-23　马氏体

名如雷贯耳，但是说到阿道夫·马滕斯又有几个人知道呢？其实马氏体的"马"指的就是他了。马滕斯先生是一位德国的冶金学家，他早年作为一名工程师从事铁路桥梁的建设工作，并接触到了正在兴起的材料检验方法。于是他用自制的显微镜观察铁的金相组织，并在1878年发表了《铁的显微镜研究》，阐述了金属断口形态以及其抛光和酸浸后的金相组织。他观察到生铁在冷却和结晶过程中的组织排列很有规则（大概其中就有马氏体），并预言显微镜研究必将成为最有用的分析方法之一。

4. 渗碳体

渗碳体（见图4-24）的分子式为 Fe_3C，它是一种具有复杂晶格结构的化合物。Fe_3C 中碳的质量分数为6.69%，熔点为1227℃左右，不发生同素异形转变，但有磁性转变，它在230℃以下具有弱铁磁性，而在230℃以上则失去铁磁性，其硬度很高（相当于800HBW），而塑性和冲击韧性几乎没有，脆性极大。

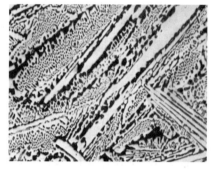

图4-24　渗碳体

渗碳体的显微组织形态很多，在钢和铸铁中与其他相共存时呈片状、粒状、网状或板状等形态。渗碳体是碳钢中主要的强化相，它的形状与分布对钢的性能有很大的影响。同时，Fe_3C 又是一种亚稳定相，在一定条件下会发生分解。

渗碳体不易受硝酸酒精溶液的腐蚀，在显微镜下呈白亮色，但受碱性苦味酸钠的腐蚀后，在显微镜下呈黑色。

5. 贝氏体

20世纪30年代初美国人 E. C. Bain 等发现低合金钢在中温等温处理下可获得一种与高温转变及低温转变相异的组织，后被人们称为贝氏体（见图4-25）。该组织具有较高的强韧性配合，在硬度相同的情况下贝氏体组织的耐磨性明显优于马氏体，因此在钢铁材料基体组织中获得贝氏体是人们追求的目标。

图4-25　贝氏体

6. 珠光体

珠光体（见图4-26）是奥氏体发生共析转变所形成的铁素体与渗碳体的共析体，得名自其珍珠般的光泽。其形态为铁素体薄层和渗碳体薄层交替重叠的层状复相物，也称片状珠光体，用符号 P 表示，其碳的质量分数为 0.77%。在珠光体中铁素体占 88%，渗碳体占 12%，由于铁素体的数量大大多于渗碳体，所以铁素体层片要比渗碳体厚得多。在球化退火条件下，珠光体中的渗碳体也可呈粒状，这样的珠光体称为粒状珠光体。

经 2%~4% 硝酸酒精溶液浸泡腐蚀后，在不同放大倍数的显微镜下可以观察到不同特征的珠光体组织。当放大倍数较高时可以清晰地看到珠光体中平行排布的宽条铁素体和窄条渗碳体；当放大倍数较低时，珠光体中的渗碳体只能看到一条黑线；而当放大倍数继续降低或珠光体变细时，珠光体的层片状结构就不能被分辨了，此时珠光体呈一团黑色。

图 4-26　珠光体

第 5 章

合金元素在金属中的作用

5.1 合金元素在钢中的作用

随着现代工业和科学技术的不断发展，在机械制造中对零件的强度、硬度、韧性、耐磨性以及其他物理、化学性能的要求越来越高，碳素钢已不能完全满足这些要求。为了使钢合金化而增强其综合性能，必须加入其他合金元素，最常用的有硅、锰、铬、镍、钼、钨、钒、钛、铌、硼、铝等。

5.1.1 硅在钢中的作用

1. 硅对钢的显微组织及热处理的影响

1）作为钢中的合金元素，其质量分数一般不低于 0.4%，以固溶体形态存在于铁素体或奥氏体中，能够缩小奥氏体相区。

2）提高退火、正火和淬火温度，在亚共析钢中提高淬透性。

3）硅不形成碳化物，可强烈地促进碳的石墨化，在硅含量较高的中碳钢和高碳钢中，如不含有强碳化物形成元素，易在一定温度下发生石墨化。

4）在渗碳钢中，硅能够减小渗碳层厚度和碳的浓度。

5）硅对钢液有良好的脱氧作用。

2. 硅对钢的力学性能的影响

1）提高铁素体和奥氏体的硬度和强度，其作用较锰、镍、铬、钨、钼、钒等更强；显著提高钢的弹性极限、屈服强度和屈强比，并提高疲劳强度。

2）硅的质量分数超过 3% 时，钢的塑性和韧性显著降低。

3）使钢中形成带状组织，造成横向性能低于纵向性能。

4）改善钢的耐磨性能。

3. 硅对钢的物理、化学及工艺性能的影响

1）降低钢的密度、热导率、电导率和电阻温度系数。

2）硅钢片的涡流损耗量显著低于纯铁，矫顽力、磁阻和磁滞损耗较低，磁导率和磁感强度较高。

3）提高高温时钢的抗氧化性能。

4）使钢的焊接性恶化。

5）硅的质量分数超过 2.5% 的钢，其塑性加工较为困难。

4. 硅在钢中的应用

1）在普通低合金钢中可提高强度，改善局部腐蚀抗力，在调质钢中可提高淬透性和耐回火性，是多元合金结构中的主要合金组元之一。

2）硅的质量分数为 0.5% ~2.8% 的 SiMn 或 SiMnB 钢广泛用于高载荷弹簧材料（见图 5-1），同时加入钨、钒、钼、铌、铬等强碳化物形成元素。

图 5-1　弹簧

3）硅钢片是硅的质量分数为 1.0% ~4.5% 的低碳钢和超低碳钢，用于电机和变压器（见图 5-2）。

4）在不锈钢和耐蚀钢中，与钼、钨、铬、铝、钛、氮等配合，提高耐蚀性和抗高温氧化性能。用不锈钢和耐蚀钢制作的雕像如图 5-3 所示。

a)　　　　　　　　b)

图 5-2　电机和变压器　　　　　图 5-3　用不锈钢和耐蚀钢制作的雕像

a）电机　b）变压器

5）硅含量较高的石墨钢用于冷模具材料，如图5-4所示。

图5-4　冷模具材料

5.1.2　锰在钢中的作用

1. 锰对钢的显微组织及热处理的影响

1）锰是良好的脱氧剂和脱硫剂，工业用钢中均含有一定量的锰。

2）锰固溶于铁素体和奥氏体中，能扩大奥氏体区，使临界温度升高。

3）锰极大降低了钢的马氏体转变温度（其作用仅次于碳）和钢中相变的速度，提高钢的淬透性，增加残留奥氏体含量。

4）使钢的调质组织均匀、细化，避免了渗碳层中碳化物的聚集成块，但增大了钢的过热敏感性和回火脆性。

5）锰是弱碳化物形成元素。

2. 锰对钢的力学性能的影响

1）锰强化铁素体或奥氏体的作用不及碳、磷、硅，在增加强度的同时对延展性无影响。

2）由于细化了珠光体，显著提高了低碳和中碳珠光体钢的强度，使延展性有所降低。

3）通过提高淬透性而提高了调质处理索氏体钢的力学性能。

4）在严格控制热处理工艺、避免过热时晶粒长大以及回火脆性的前提下，锰不会降低钢的韧性。

3. 锰对钢的物理、化学及工艺性能的影响

1）随着锰含量的增加，钢的热导率急剧下降，线胀系数上升，使快速加热或冷却时形成较大内应力，零件开裂倾向增大。

2）使钢的电导率急剧降低，电阻率相应增大。

3）使矫顽力增大，饱和磁感、剩余磁感和磁导率均下降，因而对永磁合金有利，对软磁合金有害。

4）锰含量很高时，钢的抗氧化性能下降。

5）与钢中的硫形成较高熔点的 MnS，避免了晶界上 FeS 薄膜的形成，消除钢的热脆性，改善热加工性能。

6）高锰奥氏体钢的变形阻力较大，且钢锭中柱状结晶明显，锻轧时较易开裂，钢锭开裂后的组织如图 5-5 所示。

7）由于提高了淬透性和降低了马氏体转变温度，对焊接性能有不利影响。

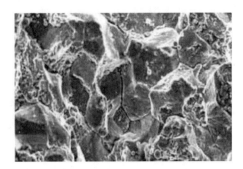

图 5-5　钢锭开裂后的组织

4. 锰在钢中的应用

1）易切削钢中常有适量的锰和磷，MnS 夹杂使切屑易于碎断。

2）普通低合金钢中利用锰提高钢的强度，锰的质量分数一般为 1%～2%。

3）渗碳和调质合金结构钢的许多系列中锰的质量分数不超过 2%。

4）锰可提高弹簧钢、轴承钢和工具钢产品（见图 5-6）的淬透性。

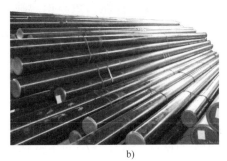

a) b)

图 5-6　轴承钢和工具钢产品
a）轴承钢产品　b）工具钢产品

5.1.3　镍在钢中的作用

1. 镍对钢的显微组织及热处理的影响

1）镍和铁能无限固溶，镍扩大铁的奥氏体区，是形成和稳定奥氏体的主要合金元素。

2）镍和碳不形成碳化物。

3）降低临界转变温度，降低钢中各元素的扩散速率，提高淬透性。

4）降低共析珠光体的碳含量，其作用仅次于氮而强于锰。在降低马氏转变温度方面的作用约为锰的一半。

2. 镍对钢的力学性能的影响

1）强化铁素体并细化和增多珠光体，提高钢的强度，对钢的塑性影响较小，常见含镍钢产品如图5-7所示。

图 5-7　含镍钢产品

a）钳子　b）镍钢球刀

2）含镍钢的碳含量可适当降低，因而可使韧性和塑性有所改善。

3）提高钢的疲劳性能，减小钢对缺口的敏感性。

4）由于对提高钢的淬透性和回火稳定性的作用并不是十分强，镍对调质钢的意义不大。

3. 镍对钢的物理、化学及工艺性能的影响

1）极大降低钢的热导率和电导率。

2）镍的质量分数小于30%的钢呈现顺磁性（即无磁钢），镍的质量分数不小于30%的铁镍合金是重要的精密软磁材料。

3）镍的质量分数超过15%～20%的钢对硫酸和盐酸有很高的耐蚀性，但不能耐硝酸的腐蚀。总的来说，含镍钢对酸、碱以及大气都有一定的耐腐蚀能力。

4）镍含量较高的钢在焊接时应采用奥氏体焊条，以防止裂纹的产生。

5）含镍钢中易出现带状组织和白点缺陷，应在生产工艺中加以防止。

4. 镍在钢中的应用

1）单纯的镍钢只在有特别高的冲击韧度或很低的工作温度要求时才使用。

2）机械制造中使用的镍铬或镍铬钼钢，在热处理后能获得强度和韧性配合良好的综合力学性能。含镍钢特别适用于需要表面渗碳的零件，如图5-8所示。

3）在高合金奥氏体不锈耐热钢中镍是奥氏体化元素，能提供良好的综合性能，主要为 NiCr 系钢。

a)   b)

c)

图 5-8 表面渗碳零件

a) 齿轮   b) 凸轮机构轴   c) 传动轴

4）由于镍比较稀缺，又是重要的战略物资，除非在用其他合金元素不可能达到性能要求时才会采用，应尽量少用或不用镍作为钢的合金元素。

5.1.4 钴在钢中的作用

1. 钴对钢的显微组织及热处理的影响

1）钴和镍、锰一样，能够和铁形成连续固溶体。

2）钴和铝都是降低钢的淬透性的元素。

3）钴不是碳化物的形成元素。

4）钴在回火或使用过程中能够抑制、延缓其他元素特殊碳化物的析出和聚集。

2. 钴对钢的力学性能的影响

1）强化钢的基体，在退火或正火状态中可提高碳素钢的硬度和强度，但会引起塑性和冲击韧度的下降。

2）显著提高特殊用途钢的热强性和高温硬度。

3）提高马氏体时效钢的综合力学性能，使其具有超强韧性。

3. 钴对钢的物理、化学及工艺性能的影响

1）提高耐热钢的抗氧化性能。

2）增加磁饱和性能。

4. 钴在钢中的应用

1）主要用于高速钢、马氏体时效钢、耐热钢以及精密合金等，其中马氏体时效钢可用来制造高尔夫球杆的杆面，如图 5-9 所示。

图 5-9　高尔夫球杆

2）钴资源缺乏、价格昂贵，应尽量减少钴的使用。

5.1.5　铬在钢中的作用

1. 铬对钢的显微组织及热处理的影响

1）铬与铁能够形成连续固溶体，缩小奥氏体相区域。铬与碳形成多种碳化物，与碳的亲和力大于铁和锰而低于钨、钼等。

2）铬可降低珠光体中碳的浓度及奥氏体中碳的极限溶解度。

3）减缓奥氏体的分解速度，显著提高钢的淬透性，但也增加钢的回火脆性倾向。

2. 铬对钢的力学性能的影响

1）提高钢的强度和硬度，同时加入其他合金元素时，效果较显著。

2）显著提高钢的韧脆转变温度。

3）铬含量较高时冲击韧度急剧下降。

3. 铬对钢的物理、化学及工艺性能的影响

1）提高钢的耐磨性，易获得较低的表面粗糙度值。

2）降低钢的电导率、电阻温度系数。

3）提高钢的矫顽力和剩余磁感，广泛用于制造永磁钢工具，如警棍（见图 5-10）等。

4）铬使钢的表面形成钝化膜，显著提高钢的耐蚀性，当含有铬的碳化物析出时，钢的耐蚀性下降。

图 5-10　警棍

5）提高钢的抗氧化性能。

6）铬钢中易形成树枝状偏析，降低钢的塑性。

7）由于铬使钢的热导率下降，热加工时要缓慢升温，锻、轧后要缓冷。

4. 铬在钢中的应用

1）合金结构钢中主要利用铬提高淬透性，并可在渗碳表面形成含铬碳化物以提高其耐磨性。

2）弹簧钢中利用铬和其他元素一起提高钢的综合性能。

3）轴承钢中利用铬提高耐磨性及研磨后表面粗糙度值小的优点。

4）工具钢和高速钢中主要利用铬提高耐磨性的作用，及具有一定的耐回火性和韧性等优点。

5）不锈钢、耐热钢中铬常与锰、氮、镍联合使用，当需形成奥氏体钢时，稳定铁素体的铬与稳定奥氏体的锰、镍之间须有一定比例，如 Cr18Ni9 等。

5.1.6　钼在钢中的作用

1. 钼对钢的显微组织及热处理的影响

1）钼在钢中可固溶于铁素体、奥氏体和碳化物中，它是缩小奥氏体相区的元素。

2）当钼含量较低时，与铁、碳形成复合的渗碳体，含量较高时可形成钼的特殊碳化物。

3）钼提高钢的淬透性，其作用比铬强，而稍逊于锰。

4）钼提高钢的回火稳定性。作为单一合金元素存在时，增加钢的回火脆性；与铬、锰等并存时，钼又降低或抑制因其他元素所导致的回火脆性。

2. 钼对钢的力学性能的影响

1）钼对铁素体有固溶强化作用，同时也提高碳化物的稳定性，从而提高钢的强度。

2）钼对改善钢的延展性、韧性以及耐磨性起到有利作用。

3）由于钼使形变强化后的软化温度以及再结晶温度提高，并极大提高铁素体的蠕变抗力，可以有效抑制渗碳体在 $450 \sim 600 \, ^\circ\!\mathrm{C}$ 下聚集，促进特殊碳化物的析出，因而成为提高钢热强性的最有效的合金元素。

3. 钼对钢的物理、化学及工艺性能的影响

1）钼的质量分数大于 3% 时，使钢的抗氧化性恶化。

2）钼的质量分数不超过 8% 的钢仍可以锻、轧，但含量较高时，钢对热加工的变形抗力增高。

3）钼可以提高钢的耐蚀性，防止钢在氯化物溶液中的点蚀。

4）在碳的质量分数为1.5%的磁钢中，钼的质量分数为2%~3%时可提高剩余磁感和矫顽力。

4. 钼在钢中的应用

1）铬钼钢在许多情况下可代替铬镍钢来制造重要的零件，常用于制造一些耐高温、耐高压的阀门和压力容器，如图5-11所示。

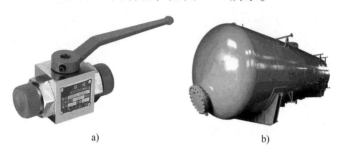

a)   b)

图5-11   铬钼钢零件

a）高压阀门   b）压力容器

2）在调质和渗碳结构钢、弹簧钢、轴承钢、工具钢、不锈耐酸钢、耐热钢和磁钢中都得到广泛应用。

5.1.7　铜在钢中的作用

1. 铜对钢的显微组织及热处理的影响

1）铜是扩大奥氏体相区的元素，但在铁中的固溶度不大，铜与碳不形成碳化物。

2）钢对临界温度和淬透性的影响以及其固溶强化作用与镍相似，可用来代替一部分镍。

2. 铜对钢的力学性能的影响

1）提高钢的强度特别是屈强比。

2）随着铜含量的提高，钢的室温冲击韧度略有提高。

3）提高钢的疲劳强度。

3. 铜对钢的物理、化学及工艺性能的影响

1）少量的铜加入钢中可以提高低合金结构钢和钢轨钢的抗大气腐蚀性能，与磷配合使用时效果更为显著。

2）略微提高钢的高温抗氧化性能。

3）改善钢液的流动性，对铸造性能有利。

4）含铜较高的钢，在热加工时容易开裂。

5）在不锈耐酸钢中加入质量分数为 2% ~ 3% 的铜，可改善钢对硫酸和盐酸的耐蚀性。

4. 铜在钢中的应用

1）钢中加入铜主要应用于普通低合金钢、调质和渗碳结构钢、钢轨钢、不锈耐酸钢和铸钢。

2）我国有丰富的含铜铁矿，其中的铜不易分选，钢中的铜也不能在冶炼过程中分离，发展含铜钢有重大经济价值。如果用含铜废钢重复冶炼，将使钢中铜含量累积而升高。

5.1.8　铝在钢中的作用

1. 铝对钢的显微组织及热处理的影响

1）铝与氧和氮有很强的亲和力，是炼钢时的脱氧定氮剂。

2）铝强烈地缩小钢中的奥氏体相区。

3）铝和碳的亲和力小，在钢中一般不出现铝的碳化物。铝强烈促进碳的石墨化，加入铬、钛、钒、铌等强磁化物形成元素可抑制铝的石墨化作用。

4）铝细化钢的本质晶粒，提高钢晶粒粗化的温度，但当钢中的固溶金属铝含量超过一定值时，奥氏体晶粒反而容易长大粗化。

5）铝提高钢的马氏体的转变温度，减少淬火后的残留奥氏体含量，在这方面的作用与除钴以外的其他合金元素相反。

2. 铝对钢的力学性能的影响

1）铝减轻钢对缺口的敏感性，减少或消除钢的时效现象，特别是降低钢的韧脆转变温度，改善钢在低温下的韧性。

2）铝有较大的固溶强化作用，高铝钢具有比强度较高的优点。铁素体型的铁铝系合金其高温强度和持久强度超过了 Cr13 钢，但其室温塑性和韧性低，冷变形加工困难。

3）奥氏体型铁铝锰系钢的综合性能较佳。

3. 铝对钢的物理、化学及工艺性能的影响

1）铝加入到铁铬合金中可使其电阻温度系数降低，可作电热合金材料。

2）铝与硅在减少变压器钢的铁心损耗方面有相近的作用。

3）铝含量达到一定值时，使钢的表面产生钝化现象，使钢在氧化性酸中具有耐蚀性，并提高对硫化氢的耐蚀性。铝对钢在氯气及氯化物气氛中的耐蚀性不利。

4）含铝的钢渗氮后表面形成氮化铝层，可提高硬度和疲劳强度，改善耐磨性。

5）铝作为合金元素加入钢中，可显著提高钢的抗氧化性。在钢的表面镀铝或渗铝可提高其抗氧化性和耐蚀性，可用于制造太阳能热水器等（见图5-12）。

6）铝对热加工性能、焊接性和切削性有不利影响。

图5-12　太阳能热水器

4. 铝在钢中的应用

1）铝在一般的钢中主要起脱氧和控制晶粒度的作用。

2）铝作为主要合金元素之一，广泛应用于特殊合金中，包括渗氮钢、不锈耐酸钢、耐热不起皮钢、电热合金、硬磁与软磁合金等。

5.1.9　钒在钢中的作用

1. 钒对钢的显微组织及热处理的影响

1）钒和铁能够形成连续的固溶体，强烈地缩小奥氏体相区。

2）钒和碳、氮、氧都有极强的亲和力，在钢中主要以碳化物或氮化物、氧化物的形态存在。

3）通过控制奥氏体化温度来改变钒在奥氏体中的含量和未溶碳化物的数量以及钢的实际晶粒度，可以调节钢的淬透性。

4）由于钒与碳能够形成稳定难熔的碳化物，使钢在较高温度时仍保持细晶组织，大大降低钢的过热敏感性。

2. 钒对钢的力学性能的影响

1）少量的钒可使晶粒细化、韧性增大。

2）钒含量较高导致聚集的碳化物出现，使强度降低，碳化物在晶内析出会降低室温韧性。

3）经适当的热处理使碳化物弥散析出时，钒可提高钢的高温持久强度和蠕变抗力。

4）钒的碳化物是金属碳化物中最硬和最耐磨的，弥散分布的碳化物可提高工具钢的硬度和耐磨性。

3. 钒对钢的物理、化学及工艺性能的影响

1）在铁镍合金中加入钒，经适当热处理后可提高磁导率。在永磁钢中加入钒，能提高磁矫顽力。

2）加入足够量的钒，将碳固定于钒碳化合物中时，可大大增加钢在高温高压下对氢的稳定性。不锈耐酸钢中，钒可改善抗晶间腐蚀的性能。

3）出现钒的氧化物时，对钢的高温抗氧化性不利。

4）含钒钢在加工温度较低时可显著增加变形能力。

5）钒可改善钢的焊接性能。

4. 钒在钢中的应用

1）在普通低合金钢、合金结构钢、弹簧钢、轴承钢、合金工具钢、高速工具钢、耐热钢、抗氢钢和低温用钢等系列中得到广泛的应用。

2）钒是我国富有的元素之一，其价格虽较硅、锰、钛、钼略贵，但在钢中的用量一般不大于 0.5%（质量分数，除高速工具钢外），故应大力推广使用。目前钒已成为发展新钢种的常用元素之一。

5.1.10　钛在钢中的作用

1. 钛对钢的显微组织及热处理的影响

1）钛和氮、氧、碳都有极强的亲和力，是一种良好的脱氧去气剂和固定氮、碳的有效元素。

2）钛和碳的化合物（TiC）结合力极强，稳定性高，只有加热到 1000℃ 以上才会缓慢溶入铁的固溶体中，TiC 微粒有阻止钢晶粒长大粗化的作用。

3）钛是强铁素体形成元素之一，使奥氏体相区缩小。固溶态钛提高钢的淬透性，而以 TiC 微粒存在时则降低钢的淬透性。

4）钛含量达一定值时，由于 $TiFe_2$ 的弥散析出，可产生沉淀硬化作用。

2. 钛对钢的力学性能的影响

1）当钛以固溶态存在于铁素体之中时，其强化作用高于铝、锰、镍、钼等，次于铍、磷、铜、硅。

2）钛对钢的力学性能的影响取决于它的存在形态、Ti 和 C 的含量比以及热处理方法。钛的质量分数在 0.03%～0.1% 之间时可使屈服强度有所提高，但当 Ti 和 C 的含量比超过 4 时，其强度和韧性急剧下降。

3）钛能提高持久强度和蠕变抗力。

4）钛对钢的韧性，特别是低温冲击韧性有改善作用。

3. 钛对钢的物理、化学及工艺性能的影响

1）提高钢在高温、高压、氢气中的稳定性。

2）钛可提高不锈耐酸钢的耐蚀性，特别是对晶间腐蚀的抗力。

3）低碳钢中，当 Ti 和 C 的含量比达到 4.5 以上时，由于氧、氮、碳全部被固定，具有很好的耐应力腐蚀和耐碱脆性能。

4）在铬的质量分数为 4%～6% 的钢中加入钛，能提高钢在高温时的抗氧化性。

5）钢中加入钛可促进氮化层的形成，可较迅速地获得所需的表面硬度。含钛钢被称为"快速氮化钢"，可用于制造精密螺杆，如图 5-13 所示。

6）改善低碳锰钢和高合金不锈钢的焊接性。

图 5-13　含钛钢精密螺杆

4. 钛在钢中的应用

1）钛的质量分数超过 0.025% 时，可作为合金元素考虑。

2）钛作为合金元素在普通低合金钢、合金结构钢、合金工具钢、高速工具钢、不锈耐酸钢、耐热不起皮钢、永磁合金以及铸钢中得到广泛应用。

3）钛越来越多地被应用于各种先进材料，成为重要的战略物资，如航空航天器、动力机械等，如图 5-14 所示。

a)　　　　　　　　　　　　　　　　b)

图 5-14　航空航天器和动力机械

a）航空航天器　b）动力机械

5.1.11　钨在钢中的作用

1. 钨对钢的显微组织及热处理的影响

1）钨是熔点最高（3387℃）的难熔金属，在元素周期表中与铬、钼同族。在钢中的行为也与钼类似，即缩小奥氏体相区，并且是强碳化物形成元素，部分固溶于铁中。

2）钨对钢的淬透性的作用不如钼和铬强。钨的特殊碳化物存在时，则降低钢的淬透性和淬硬性。

3）钨的特殊碳化物阻止钢晶粒的长大，降低钢的过热敏感性。

4）钨显著提高钢的回火稳定性。

2. 钨对钢的力学性能的影响

1）钨提高了钢的耐回火性，碳化物十分坚硬，因而提高了钢的耐磨性，还使钢具有一定的热硬性。

2）提高钢在高温时的蠕变抗力，其作用不如钼强。

3. 钨对钢的物理、化学及工艺性能的影响

1）显著提高钢的密度，强烈降低钢的热导率。

2）显著提高钢的矫顽力和剩余磁感。

3）钨对钢的耐蚀性和高温抗氧化性影响很小，含钨钢在高温时的不起皮性显著下降。

4）含钨钢的高温塑性低，变形抗力高，热加工性能较差。

5）高合金钨钢在铸态中存在易熔相的偏析，锻造温度不能过高，并应防止高碳钨钢中由于碳的石墨化造成墨色断口缺陷。

4. 钨在钢中的应用

主要用于工具钢，如高速钢和热锻模具钢，如图 5-15 所示。在有特殊需要时，应用于渗碳钢和调质钢。

a) b)

图 5-15　高速钢和热锻模具钢

a）车刀　b）铣刀

5.1.12　硼在钢中的作用

1. 硼对钢的显微组织及热处理的影响

1）硼和碳、硅、磷同属于半金属元素。硼与氮、氧之间有很强的亲和力。硼和碳形成碳化物 B_4C。硼和铁形成两种即使在高温时也很稳定的中间化合物

Fe_2B 和 FeB。

2）硼在钢中与残留的氮、氧化合形成稳定的夹杂物后会失去其本身的有益作用，只有以固溶形式存在于钢中的硼才能起到特殊的有益作用。

3）由于钢中硼的质量分数一般在 0.001% ~ 0.005% 的范围内，对钢的显微组织没有明显的影响。钢中"有效硼"的作用主要是增加钢的淬透性。

4）微量硼有使奥氏体晶粒长大的倾向。硼还能够增加回火脆性的倾向。

2. 硼对钢的力学性能的影响

1）微量的硼可提高钢在淬火和低温回火后的强度，并使塑性略有提高。

2）经 300 ~ 400℃ 回火的含硼钢，其冲击韧性有所改善，且降低钢的韧脆转变温度。

3）奥氏体铬镍钢中加入硼，经固溶和时效处理后，由于沉淀强化的作用，强度会有所提高，但韧性有所下降。

4）硼对改善奥氏体钢的蠕变抗力有利。在珠光体耐热钢中，硼可提高其高温强度。

3. 硼对钢的物理、化学及工艺性能的影响

1）硼的质量分数超过 0.007% 时将出现钢的热脆现象，影响其热加工性能。

2）在含硼结构钢中，用微量硼代替较多量的其他合金元素后，其总合金元素含量降低，在高温时对变形的抗力减小，有利于模锻加工和延长锻模寿命。此外，含硼钢的氧化皮较松，易于脱落清理。

3）含硼钢经正火或退火后，硬度比淬透性相同的其他合金要低，对于切削加工有利。

4. 硼在钢中的应用

1）含硼钢在合金结构钢、普通低合金钢、弹簧钢、耐热钢、高速工具钢以及铸钢中均可应用，主要用途是增加钢的淬透性，从而节约其他合金元素。

2）利用硼吸收中子的能力，反应堆中采用硼质量分数为 0.1% ~ 4.5% 的高硼低碳钢，但其塑性加工十分困难。

5.1.13 稀土元素在钢中的作用

1. 稀土元素对钢的显微组织及热处理的影响

1）稀土元素化学性质活泼，在钢中与硫、氧、氢等化合，是很好的脱硫和去氢剂，并能消除砷、锑、铋等元素的有害作用，改变钢中夹杂物的形态和分布，起到净化作用，改善钢的质量。

2）稀土元素在铁中的溶解度很低，不超过 0.5% 。

3）除镧不与铁形成中间化合物外，所有其他已研究过的稀土元素都与铁形成中间化合物。

2. 稀土元素对钢的力学性能的影响

1）提高钢的塑性和冲击韧性，特别是冲击韧性。

2）提高耐热钢、电热合金和高温合金的抗蠕变性能。

3）细化晶粒，均匀组织，有利于综合力学性能的改善。

3. 稀土元素对钢的物理、化学及工艺性能的影响

1）提高钢的抗氧化性。

2）提高不锈钢的耐蚀性。

3）提高钢液的流动性，改善浇注的成品率，降低铸钢的热裂倾向。

4）明显改善高铬不锈钢的热加工性能。

5）改善钢的焊接性能。

4. 稀土元素在钢中的应用

1）在普通低合金钢、合金结构钢、轴承钢、工具钢、不锈钢和耐蚀钢、电热合金以及铸钢中得到应用。

2）为了稳定地获得稀土元素改善钢的组织和性能的效果，应注意准确控制稀土元素在钢中的含量。

5.1.14 氮在钢中的作用

1. 氮对钢的显微组织及热处理的影响

1）氮和碳一样可固溶于铁，形成间隙固溶体。

2）氮扩大钢的奥氏体相区，是一种很强的形成和稳定奥氏体的元素，其效力约是镍的 20 倍，在一定限度内可代替一部分镍用于钢中。

3）渗入钢表面的氮与铬、铝、钒、钛等元素可生成极稳定的氮化物，成为表面硬化和强化元素。

4）氮使高铬和高铬镍钢的组织致密坚实。

5）钢中残留氮含量过高会导致宏观组织疏松或气孔的产生。

2. 氮对钢的力学性能的影响

1）氮有固溶强化作用。

2）含氮铁素体钢中，在快冷后的回火或在室温长时间停留时，由于析出超显微氮化物，可发生沉淀硬化，氮也使低碳钢发生应变时效现象。在强度和硬度提高的同时，钢的韧性下降，缺口敏感性增加。氮导致钢的脆性特性与磷相似，其作用远大于磷。氮也是导致钢产生蓝脆的主要原因。

3）提高高铬钢和高铬镍钢的强度和冲击韧度，而塑性并不降低。

4）提高钢的蠕变强度和高温持久强度。

3. 氮对钢的物理、化学及工艺性能的影响

1）氮对不锈钢的耐蚀性无显著影响。

2）氮的质量分数大于0.16%时，会使抗氧化性恶化。

3）含氮钢的冷作变形硬化率较高。

4）氮可降低高铬铁素体钢的晶粒长大倾向，从而改善其焊接性能。

4. 氮在钢中的应用

1）氮作为合金元素，在钢中的含量一般小于0.3%（质量分数），特殊情况下可高达0.6%。

2）主要应用于渗氮调质钢、普通低合金钢、不锈耐酸钢和耐热不起皮钢，其中耐热不起皮钢可制造汽轮机的构件，如图5-16所示。

图5-16 汽轮机

5.1.15 硫、硒、碲在钢中的作用

1. 硫、硒、碲对钢的显微组织及热处理的影响

1）硫在大多数情况下是钢中的有害元素，在优质钢中其质量分数不应超过0.04%，碲和硒在周期表中与硫同族，其性质也相近。

2）硫、碲、硒可与铁形成低熔点的 FeS、FeS_2、$FeTe$、$FeTe_2$、$FeSe$ 和 $FeSe_2$ 等化合物，它们在铁中的溶解度都很低。

3）对钢的相变和组织的影响主要由不同类型和分布状态的硫化物造成，表现为硫的偏析及硫化物夹杂以及由于硫化物的形成导致的锰、钛、锆等有效含量及钢的淬透性的下降。

2. 硫、硒、碲对钢的力学性能的影响

1）降低钢的延展性及韧性，冲击韧度的下降最为显著。

2）硒化物颗粒较硫化物细小和分散，对力学性能的影响较硫轻。

3. 硫、硒、碲对钢的物理、化学及工艺性能的影响

1）使软钢的磁学性能恶化。

2）损害钢的耐蚀性。

3）造成焊缝热裂、气孔及疏松。

4）在切削加工时，使切屑容易断开，改善零件表面质量，节省动力，且

有润滑作用,延长刀具使用寿命,提高切削效率。

5)FeS 等低熔点化合物增大钢在锻、轧时的过热和过烧倾向,产生表面网状裂纹和开裂,如图 5-17 所示。

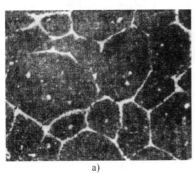

a)   b)

图 5-17   网状裂纹和开裂

a)网状裂纹   b)开裂

4. 硫、硒、碲在钢中的应用

只有在易切削钢中才利用硫、硒、碲来改善钢的切削性能,其他钢种中应尽量降低硫的含量。

5.1.16   磷、砷、锑在钢中的作用

1. 磷、砷、锑对钢的显微组织及热处理的影响

1)磷、砷、锑在周期表中同族,在钢中作用类似,均使奥氏体相区缩小。

2)在铁中有一定溶解度,与铁形成低熔点化合物。

3)都有严重的偏析倾向。

4)提高钢的回火脆性倾向。

2. 磷、砷、锑对钢的力学性能的影响

1)提高钢的强度。

2)降低塑性和韧性,碳含量越高,引起的脆性越大。

3. 磷、砷、锑对钢的物理、化学及工艺性能的影响

1)改善钢的耐磨性。

2)改善钢的耐蚀性。

3)改善钢的切削加工性能。

4)恶化焊接性,增加焊接裂纹的敏感性。

4. 磷、砷、锑在钢中的应用

应用于钢轨钢及易切削钢,也可用于炮弹钢(见图 5-18),应尽量减少钢

中磷等的含量。

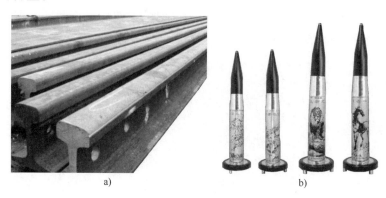

图 5-18　钢轨和炮弹

a）钢轨　b）炮弹

5.2　合金元素在有色金属中的作用

5.2.1　合金元素在铝合金中的作用

（1）银　质量分数为 0.1% ~ 0.6% 时提高铝合金的强度并改善应力腐蚀抗力。

（2）铍　微量的铍可降低铝合金的氧化。

（3）铋　可改善加工性能。

（4）硼　细化晶粒，促使钒、钛、铬、钼的析出，改善铝合金的导电性。

（5）镉　提高强度，改善耐蚀性。

（6）钙　细化晶粒，促使铝中硅的析出而提高铝的电导率。

（7）铬　加入质量分数不大于 0.3% 的铬作为晶粒细化剂可改善高强度铝合金的耐蚀性，显著降低电导率。

（8）铜　可提高室温和高温强度，但降低铸造性能。

（9）锂　降低铝合金的密度，提高弹性模量。

（10）镁　可产生时效沉淀硬化，与锰一起提供很好的冷作硬化效果。

（11）锰　细化晶粒，提高强度，显著增加冷作硬化，稍微降低耐蚀性，在铸造铝合金中能中和铁的某些不利影响。

（12）镍　有助于沉淀硬化，改善高温性能。

（13）铌　细化晶粒，提高强度。

（14）稀土元素　改善高温性能、疲劳强度和蠕变抗力，在铸造合金中改善流动性，减少对模具的粘连。

（15）硅　改善合金液的流动性和铸造性能，通过析出细小的初晶硅而提高硬度。

（16）铯　在铸造合金中用作变质剂，细化组织，提高强度和韧性。

（17）钒　细化晶粒，改善热处理效果，但会降低电导率。

（18）锌　提高强度，但耐蚀性有所下降。

（19）锆　控制晶粒长大，减小铸态晶粒尺寸。

5.2.2　合金元素在镁合金中的作用

（1）铝　质量分数在 10% 以下时能提高强度并产生沉淀硬化，使铸件中缩松倾向增大，如图 5-19 所示。

（2）银　产生沉淀硬化效应，使材料具有非常高的强度。

（3）铍　降低镁合金的表面氧化倾向，同时改善铸造性能并细化晶粒组织。

（4）钙　细化晶粒。

（5）铜　降低镁合金的耐蚀性。

（6）镓　显著改善耐蚀性。

（7）铁　降低镁合金的耐蚀性，加入锰可消除其有害影响。

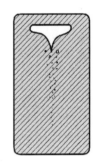

图 5-19　铸件缩松

（8）锂　降低合金密度，改善耐蚀性。

（9）锰　用来控制铁含量的影响时，Mn 与 Fe 的质量比应在 30 以上。可改善耐蚀性，对提高抗拉强度作用不大，会降低疲劳强度。

（10）镍　降低镁合金的耐蚀性，一般控制质量分数不大于 0.002%。

（11）稀土元素　重要的晶粒细化剂，提高强度，保持韧性，改善蠕变抗力和疲劳强度，改善铸造性能，减少缩松。

（12）锌　提高强度，与铝、锰一起产生沉淀硬化效应，与锆一起获得很细的晶粒组织和高温下的强度。改善变形合金的冷加工性能。

（13）锆　细化晶粒，提高强度，改善变形合金的热加工性能。

5.2.3　合金元素在钛合金中的作用

（1）铝　铝在钛合金中是稳定 α 相的主要合金元素，固溶态的铝提高钛合金的抗拉强度、蠕变强度和弹性模量。铝的质量分数在 6% 以上会形成 Ti_3Al，从而引起脆化。

（2）硼　用作硼化表面硬化处理。

（3）铜　一般质量分数为 2% ~ 6%，稳定 β 相，强化 α 相和 β 相，产生沉淀硬化效应。

（4）钙　稳定 α 相。

（5）铁　稳定 β 相，降低蠕变抗力。

（6）钼　是重要的 β 相稳定元素，提高硬化倾向。

（7）镍　提高耐蚀性。

（8）铌　稳定 β 相，改善高温抗氧化性能。

（9）硅　改善蠕变抗力。

（10）钒　稳定 β 相。

（11）锆　锆与钛形成连续固溶体，提高室温至中温时的强度，质量分数超过 6% 时会降低韧性和蠕变抗力。

第 6 章

金属的冶炼

6.1　金属的存在状态

金属元素种类多，分布广，活动性差别大，在自然界的存在形式各异，少数不活泼金属以游离态存在，多数金属元素以化合态存在，常见的金属矿物如图 6-1 所示。人们在生活和生产中使用的金属材料多是合金或纯金属，这就需要把金属从矿石中提炼出来，提炼的过程就是金属的冶炼过程。

图 6-1　常见的金属矿物

6.2　金属冶炼方法

（1）火法冶炼　火法冶炼又称为干法冶金，把矿石和必要的添加物一起在炉中加热至高温，熔化为液体，使其发生所需的化学反应，从而分离出粗金属，然后再将粗金属精炼。

（2）湿法冶金　湿法冶金是用酸、碱、盐类的水溶液，以化学方法从矿石中提取所需金属成分，然后用水溶液电解等方法制取金属。此法主要应用于难以熔化或微粉状的矿石。现在世界上有 75% 的锌和镉是采用焙烧→浸取→水溶液电解法制成的，这种方法已大部分代替了过去的火法炼锌。其他难于分离的金属，如镍-钴、锆-铪、钽-铌及稀土金属都采用湿法冶金的技术，如使用溶剂萃取或离子交换等新方法进行分离已取得显著的效果。

6.3　炼铁

高炉炼铁是指把铁矿石和焦炭、一氧化碳、氢气等燃料及熔剂装入高炉中冶炼，去掉杂质而得到金属铁（生铁）。

炼铁的设备是高炉，如图6-2所示。将铁矿石（见图6-3a）、石灰石（见图6-3b）、焦炭（见图6-3c）等原料从高炉的顶部加入，通过焦炭的燃烧使炉中温度达1800℃以上，从而使炉中产生大量的一氧化碳气体，进而将铁矿石还原。

图6-2　高炉

铁矿石的主要成分是 Fe_3O_4 和 Fe_2O_3，在高温下会发生下列反应：

$$Fe_3O_4 + 4CO = 3Fe + 4CO_2 \uparrow$$

$$Fe_2O_3 + 3CO = 2Fe + 3CO_2 \uparrow$$

生成的铁沉积在炉底，这就是平时所说的生铁。

高炉生产是连续进行的。一代高炉（从开炉到大修停炉为一代）能连续生产几年到十几年。生产时，从炉顶（一般炉顶是由料钟与料斗组成，现代化高炉是钟阀炉顶和无料钟炉顶）不断地装入铁矿石、焦炭、熔剂，从高炉下部的风口吹进热风（温度为1000～1300℃），喷入油、煤或天然气等燃料。装入高炉中的铁矿石，主要是铁和氧的化合物。在高温下，焦炭和喷吹物中的碳及碳燃烧生成的一氧化碳将铁矿石中的氧夺取出来，生成铁，这个过程称为还原。

铁矿石通过还原反应炼出生铁，铁液从出铁口放出。铁矿石中的脉石、焦炭及喷吹物中的灰分与加入炉内的石灰石等熔剂结合生成炉渣，从出铁口和出渣口分别排出。煤气从炉顶排出，经除尘后，作为工业用煤气。现代化高炉还可以利用炉顶的高压，用排出的部分煤气发电。炼铁流程如图 6-4 所示。

a)　　　　　　　　　　b)

c)

图 6-3　炼铁原料

a) 铁矿石　b) 石灰石　c) 焦炭

6.4　炼钢

把炼钢用生铁放到炼钢炉内按一定工艺熔炼，即得到钢。钢的产品有钢锭、连铸坯和直接铸成的各种钢铸件等。通常所讲的钢，一般是指轧制成各种钢材的钢。钢的生产及应用如图 6-5 所示。

中国是世界上最早生产钢的国家之一。考古工作者曾经在湖南长沙杨家山春秋晚期的墓葬中发掘出一把"铁剑"，通过金相检验，结果证明是钢制的。这是迄今为止见到的中国最早的钢制实物。它说明从春秋晚期起中国就有炼钢生产了，炼钢生产在中国已有 2500 多年的历史。

钢的冶炼方法主要有转炉炼钢和电弧炉炼钢。转炉炼钢工艺流程（见图 6-6）可归纳为"四脱"（脱碳、脱氧、脱磷和脱硫）"二去"（去气和去夹杂）"二调整"（调整成分和调整温度）。电弧炉炼钢利用电能作为热源进行冶炼，电弧炉如图 6-7 所示。

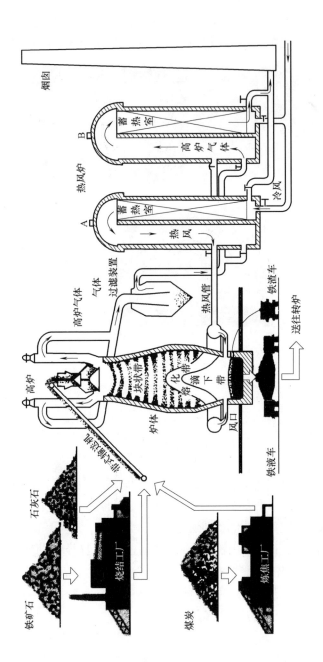

图 6-4 炼铁流程

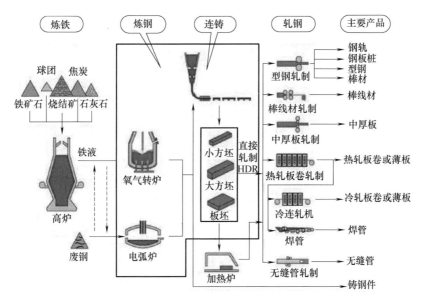

图 6-5　钢的生产及应用

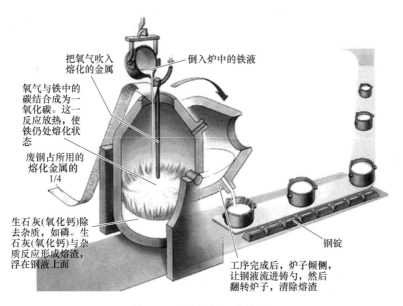

图 6-6　转炉炼钢工艺流程

1. 造渣

造渣是调整钢铁生产中熔渣成分、碱度和黏度及其反应能力的操作，以便把硫、磷降到计划钢种的上限以下，并使吹氧时喷溅和溢渣量减至最小。吹炼过程熔池渣的变化如图 6-8 所示。

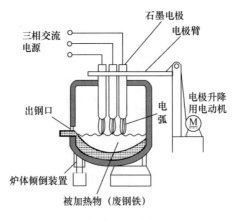

图 6-7　电弧炉

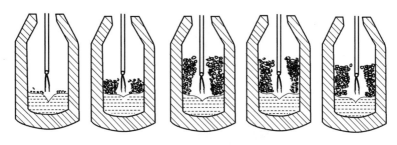

图 6-8　吹炼过程熔池渣的变化

2. 出渣

出渣是电弧炉炼钢时根据不同冶炼条件和目的在冶炼过程中所采取的放渣或扒渣操作。例如：用单渣法冶炼时，氧化末期必须扒氧化渣；用双渣法造还原渣时，原来的氧化渣必须彻底放出，以防回磷等。

3. 熔池搅拌

向金属熔池提供能量，使金属液和熔渣产生运动，以改善冶金反应的动力学条件。熔池搅拌可借助于气体搅拌、机械搅拌（见图 6-9）、电磁感应搅拌等方法来实现。

4. 脱磷

磷是钢中有害杂质之一，含磷较多的钢在室温或更低的温度下使用时容易脆裂，称为"冷脆"。钢中碳含量越高，磷引起的脆性越严重。一般规定普通钢中磷的质量分数应不超过 0.045%，优质钢要求

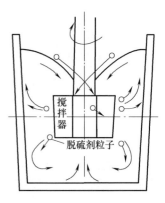

图 6-9　机械搅拌法

磷含量更少。

　　钢铁脱磷问题的认识和解决在钢铁生产发展史上具有重要意义。钢的大规模工业生产开始于 1856 年贝塞麦发明的酸性转炉炼钢法，但酸性转炉炼钢不能脱磷，而含磷低的铁矿石又很少，严重地阻碍了钢铁工业的发展。1879 年托马斯发明了能处理高磷铁液的碱性转炉炼钢法，碱性炉渣的脱磷原理紧接着被推广到平炉炼钢中去，使大量含磷铁矿石得以用于生产钢铁，对现代钢铁工业的发展作出了重大的贡献。

5. 电炉底吹

　　通过置于炉底的喷嘴将氮气、氩气、二氧化碳、一氧化碳、甲烷、氧气等气体根据工艺要求吹入炉内熔池以加速熔化，促进冶金反应，如图 6-10 所示。采用底吹工艺可缩短冶炼时间，降低电耗，改善脱磷、脱硫操作，提高钢中残锰量，提高金属和合金收缩率，并能使钢液成分、温度更均匀，从而改善钢的质量，降低成本，提高生产率。

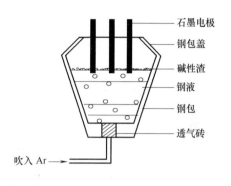

图 6-10　吹氩示意图

6. 熔化期

　　炼钢的熔化期主要针对平炉和电炉炼钢。电炉炼钢从通电开始到炉料全部熔清为止、平炉炼钢从兑完铁液到炉料全部化完为止都称熔化期。熔化期的任务是尽快将炉料熔化并升温，并造好熔化期的炉渣。

7. 精炼期

　　精炼期指炼钢过程中，通过造渣和其他方法把对钢的质量有害的一些元素和化合物，从钢液中排除的工艺操作期。

8. 还原期

　　普通功率电弧炉炼钢操作中，通常把氧化末期扒渣完毕到出钢这段时间称为还原期。其主要任务是造还原渣，进行扩散、脱氧、脱硫、控制化学成分和调整温度。

9. 炉外精炼

　　炉外精炼（见图 6-11）指将炼钢炉（转炉、电炉等）中初炼过的钢液移到另一个容器中进行精炼的炼钢过程，也叫二次冶炼。因此，炼钢过程分为初炼和精炼两步进行。

10. 钢包喂丝

钢包喂丝（见图 6-12）指通过喂丝机向钢包内喂入用铁皮包裹的脱氧、脱硫及微调成分的粉剂，如 Ca-Si 粉或直接喂入铝线、碳线等对钢液进行深脱硫、钙处理以及微调钢中碳和铝等成分的方法。它还具有清洁钢液、改善非金属夹杂物形态的功能。

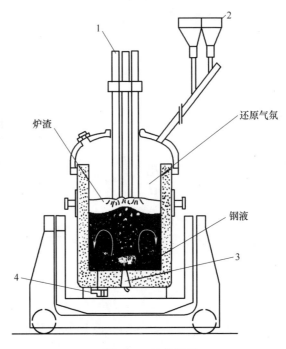

图 6-11　炉外精炼

1—电极　2—合金料斗　3—透气砖　4—滑动水口

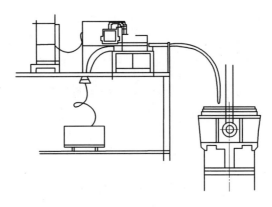

图 6-12　钢包喂丝

11. 钢包处理

钢包处理是钢包炉外精炼的简称。其特点是精炼时间短（10～30min），精炼任务单一，不需要补偿钢液温度降低的加热装置，工艺操作简单，设备投资少。真空循环脱气法、钢包真空吹氩法和钢包喷粉处理法等均属此类。

12. 合金化

向钢液加入一种或几种合金元素，使其达到成品钢成分规格要求的操作过程称为合金化。

13. 出钢

出钢（见图 6-13）是指钢液的温度和成分达到所炼钢种的规定要求时将钢液放出的操作。出钢时要注意防止熔渣流入钢包。

图 6-13　出钢

6.5　炼铝

铝元素的丰度为 7.3%，是地壳中含量最多的金属元素。铝的性质比较活泼，所以铝元素在地壳中均以化合物的形式存在。一般采用电解法制取铝，在电解之前要先对铝土矿（如明矾）进行提纯，得到了需要纯度的铝土矿之后，再对其进行电解。铝的电解炉如图 6-14 所示，铝的电解工艺流程如图 6-15 所示。

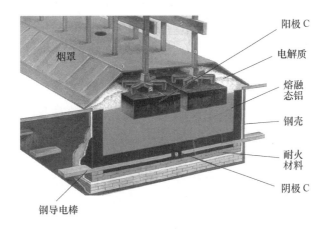

图 6-14　铝的电解炉

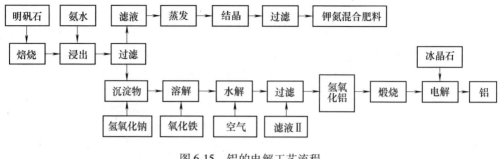

图6-15　铝的电解工艺流程

6.6　炼铜

1. 炼铜原料

炼铜原料主要是铜矿石，地球上很多地方都有铜矿。目前所开采的铜矿有两种不同类型，包括硫化矿和氧化矿。其中硫化矿主要有黄铜矿、斑铜矿、辉铜矿和铜蓝等；氧化矿主要有孔雀石、硅孔雀石、赤铜矿和胆矾等。生活中所用的铜有90%来自于硫化矿，10%来自于氧化矿。

铜的冶炼方法有火法冶炼和湿法冶炼两种。

2. 火法冶炼

火法冶炼工艺用于处理硫化铜矿，火法炼铜工艺流程如图6-16所示。工艺过程可分四大步：造锍熔炼、转炉吹炼、火法精炼和电解精炼。

3. 湿法冶炼

湿法冶炼工艺用于处理氧化矿，湿法炼铜工艺流程如图6-17所示。氧化矿先经溶剂浸取，然后用电积、置换或氢还原等将铜提取出来。

6.7　炼镁

金属镁的生产有电解法、硅热法和碳热法。硅热法是我国生产金属镁的重要方法。硅热法炼镁工艺流程短、投资少、建厂快、成本较低，但是熔炼技术比较落后、生产过程中资源能源消耗比较大，并且污染比较严重。

硅热法炼镁的实质是在高温和真空条件下，有氧化钙存在时通过硅（或铝）还原氧化镁生成镁蒸气，与反应生成的固体硅酸二钙相互分离，并经冷凝得到结晶镁。该工艺过程可分为白云石煅烧、原料制备、还原和精炼四个阶段。

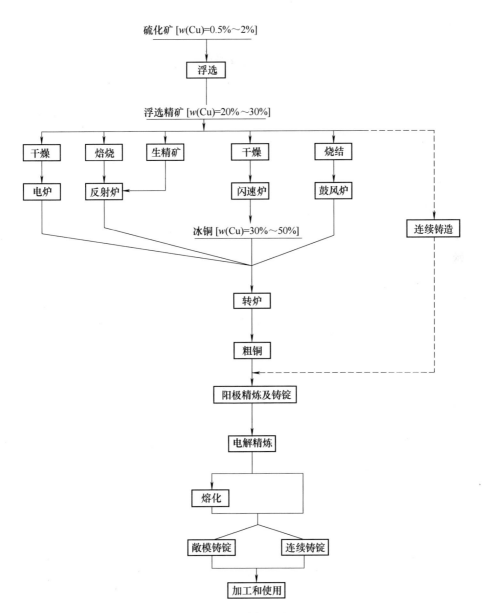

图 6-16　火法炼铜工艺流程

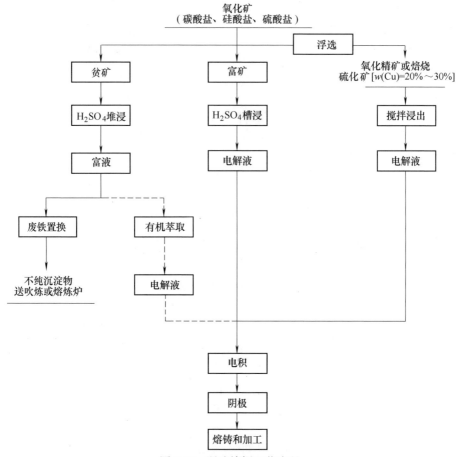

图 6-17 湿法炼铜工艺流程

炼镁工艺流程如图 6-18 所示。

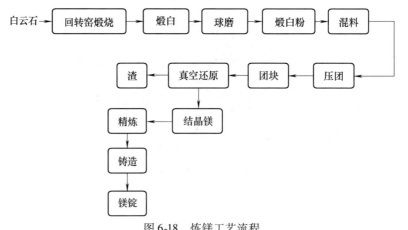

图 6-18   炼镁工艺流程

6.8 炼锌

1. 火法炼锌

火法炼锌技术又分为竖罐炼锌、密闭鼓风炉炼铅锌、电炉炼锌和横罐炼锌。前两种方法是我国现行的主要炼锌方法，电炉炼锌仅为中小炼锌厂采用，横罐炼锌已经被淘汰。

（1）竖罐炼锌　在高于锌沸点的温度下，于竖井式蒸馏罐内，用碳作还原剂还原氧化锌矿物的球团，反应所产生的锌蒸气经冷凝成为液体金属锌。竖罐炼锌的生产工艺由硫化锌精矿氧化焙烧、焙砂制团和竖罐蒸馏三部分组成。

（2）密闭鼓风炉炼锌　在密闭炉顶的鼓风炉中，用碳作还原剂从铅锌精矿烧结块中还原出锌和铅，锌蒸气在铅雨中冷凝成锌，铅与炉渣进入炉缸，经中热前床使渣与铅分离。此方法是英国帝国熔炼公司研究成功的，对原料适应性强，既可以处理原生硫化铅锌精矿，也可以熔炼次生含铅锌物料，能源消耗也比竖罐炼锌法低。

2. 湿法炼锌

湿法炼锌是用酸性溶液从氧化锌焙砂或其他物料中浸出锌，再用电解沉积技术从锌浸出液中制取金属锌的方法。该法于 1916 年开始工业应用，我国年产锌万吨以上的湿法炼锌厂有 10 多家，生产能力为火法炼锌的 2 倍多，湿法炼锌产量超过 100 万 t。该工艺包括硫化锌精矿焙烧、锌焙砂浸出、浸出液净化除杂质和锌电解沉积四个主要工序。湿法炼锌工艺流程如图 6-19 所示。

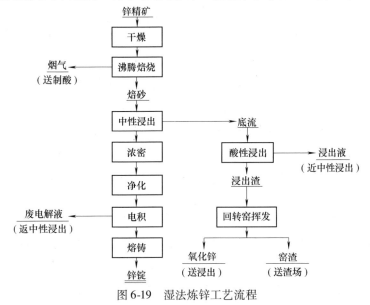

图 6-19　湿法炼锌工艺流程

第7章

金属材料的成形方法

7.1 铸造

7.1.1 综述

铸造生产历史悠久，是人类掌握比较早的一种金属热加工工艺，已有约6000年的历史。我国约在公元前1700年进入青铜铸件的全盛期，当时的工艺已达到相当高的水平。夏代晚期饮酒器、商朝的司母戊方鼎、周宣王时期的毛公鼎、战国时期的曾侯乙尊盘、明代的永乐大钟等都是古代铸造的代表产品。公元前600年出现了铸铁制品，我国在公元前513年铸出了世界上最早见于文字记载的铸铁件晋国铸型鼎，质量约270kg。

欧洲在公元8世纪前后也开始生产铸铁件。铸铁件的出现，扩大了铸件的应用范围。例如在17世纪，德、法等国先后敷设了不少向居民供饮用水的铸铁管道。18世纪的工业革命以后，蒸汽机、纺织机和铁路等工业兴起，铸件进入为大工业服务的新时期，铸造技术开始有了大的发展。

新中国成立以来，随着国民经济的迅速发展，我国铸造生产技术也得到了迅速提高。铸造技术在当前工农业生产中占有极其重要的地位。铸件按质量在机床、内燃机、中型机器中占比为70%～90%；在拖拉机中占比为50%～70%；在农业机械中占比为40%～70%；在汽车中占比为20%～30%。我国目前已经成为世界铸造机械大国之一，近年来，我国的铸造机械制造行业取得了很大的成绩。

1. 铸造的特点

铸造是将金属熔炼成符合一定要求的液体并浇进铸型里，经冷却凝固和清整处理后得到有预定形状、尺寸和性能的铸件的工艺过程。铸造毛坯因近乎成形，从而达到了免机械加工或少量加工的目的，降低了成本，并在一定程度上减少了时间。铸造是现代制造工业的基础工艺之一，它具有以下优点：

1）可以生产出形状复杂，特别是具有复杂内腔的零件毛坯，如各种箱体、床身、机架等。

2）铸造生产的适应性广，工艺灵活性大。工业上常用的金属材料均可用来进行铸造，铸件的质量从几克到几百吨，壁厚在 0.5 ~ 1000mm。

3）铸造用原材料大都来源广泛，价格低廉，并可直接利用废机件，故铸件成本较低。

2. 铸造的种类

铸造种类很多，按造型方法习惯上分为普通砂型铸造和特种铸造。

1）普通砂型铸造，包括湿砂型、干砂型和化学硬化砂型三类。

2）特种铸造，按造型材料又可分为以天然矿产砂石为主要造型材料的特种铸造（如熔模铸造、负压铸造、实型铸造和陶瓷型铸造等）和以金属为主要铸型材料的特种铸造（如金属型铸造、压力铸造、连续铸造、低压铸造和离心铸造等）两类。

3. 铸造工艺过程

铸造工艺通常包括以下三个阶段：

1）铸型（使液态金属成为固态铸件的容器）准备，铸型按所用材料可分为砂型、金属型、陶瓷型、泥型和石墨型等；按使用次数可分为一次性型、半永久型和永久型。铸型准备的优劣是影响铸件质量的主要因素。

2）铸造金属的熔化与浇注，铸造金属（铸造合金）主要有铸铁、铸钢和铸造有色合金。

3）铸件处理和检验，铸件处理包括清除型芯和铸件表面异物、切除浇冒口、铲磨毛刺和披缝等凸出物以及热处理、整形、防锈处理和粗加工等。

铸造常用术语见表 7-1。

表 7-1　铸造常用术语

序号	术　语	释　义
1	铸造	将熔融金属浇入铸型，凝固后获得具有一定形状、尺寸和性能的金属零件毛坯的成形方法
2	砂型铸造	在砂型中生产铸件的铸造方法
3	特种铸造	与砂型铸造不同的其他铸造方法，如熔模铸造、壳型铸造、陶瓷型铸造、金属型铸造、压力铸造、低压铸造、离心铸造和连续铸造等
4	铸型	用型砂、金属或其他耐火材料制成，包括形成铸件形状的空腔、型芯和浇冒口系统的组合整体。砂型用砂箱支撑时，砂箱也是铸型的组成部分
5	铸锭	将熔融金属浇入锭型铸成的用作金属炉料或供进一步加热用的金属锭块，例如钢锭、生铁锭、铝锭等

（续）

序号	术　语	释　义
6	铸铁熔炼	在化铁炉内将生铁、废钢等金属炉料加热熔化，并通过冶金反应除去有害杂质和气体，获得具有所要求化学成分和温度的铸铁液的过程
7	双联熔炼	用两种熔炼炉联合起来熔炼金属的方法，如转炉-平炉、转炉-电炉、冲天炉-感应电炉等，后一熔炼炉用于升温、保温、调整成分和精炼
8	精炼	除去液态金属中的气体、杂质元素和夹杂物等，以改善金属液质量的操作
9	真空精炼	将熔融金属移入带有加热装置的真空炉中精炼的冶金技术
10	炉外精炼	在熔炼炉外对出炉金属液进行精炼的方法，用以除去金属液内的气体和杂质，调整金属液成分，提高金属液的纯净度

7.1.2　普通砂型铸造

在铸造生产中，最基本的工艺方法是砂型铸造，用这种方法生产的铸件占所有铸件总质量的90%以上。图7-1所示为普通砂型铸造的工艺流程，图7-2所示为浇注过程示意图。

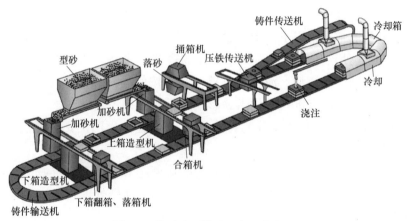

图7-1　普通砂型铸造生产工艺流程

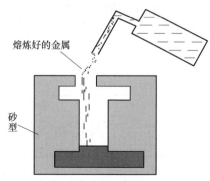

图7-2　浇注过程示意图

　　钢、铁和大多数有色合金铸件都可用砂型铸造方法获得。由于砂型铸造所用的造型材料价廉，铸型制造简便，对铸件的单件生产、成批生产和大量生产均能适应，长期以来，一直是铸造生产中的基本工艺。普通砂型铸件如图 7-3 所示。

图 7-3　普通砂型铸件

7.1.3　熔模精密铸造

　　所谓熔模精密铸造，就是用易熔材料（例如蜡料及模料）制成可熔性铸模（简称熔模），在其上涂覆若干层特制的耐火涂料，经过干燥和化学硬化形成一个整体模组，再用蒸汽或热水从模组中熔失熔模而获得中空的型壳，然后将型壳放入焙烧炉中高温焙烧，最后在其中浇注熔融的金属得到铸件的方法。通常所用的易熔模料是用蜡基材料制作，故又称"失蜡铸造"。用此法获得的铸件与砂型铸造相比，具有较高的尺寸精度和较小的表面粗糙度值，可实现产品少切削或无切削，故常将熔模精密铸造简称为精密铸造、熔模精铸或精铸。图 7-4 所示为几种常见的熔模精密铸造零件。

　　熔模精密铸造过程（见图 7-5），包括注射易熔模料、取出易熔模、组合、涂挂耐火材料、模组撒砂、脱蜡焙烧、浇注和清壳切割等。图 7-6 所示为几种熔模模型。

图 7-4　几种常见的熔模精密铸件

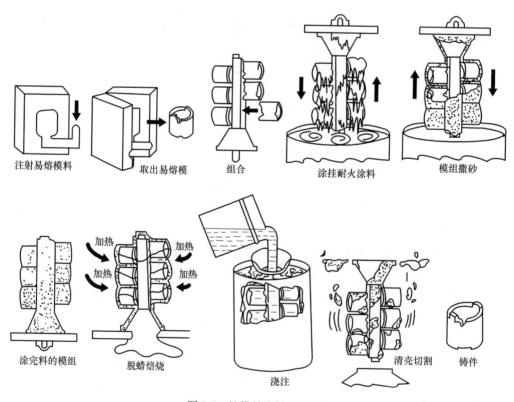

图 7-5　熔模精密铸造过程

图 7-6　几种熔模模型

7.1.4　金属型铸造

金属型铸造又称硬模铸造，是将金属液浇注到由金属制成的铸型中而获得铸件的铸造方法。金属型可以使用几百次到上万次，故金属型铸造又叫永久型铸造。

金属型铸造铸件精度高，表面质量好，内部组织致密，力学性能好，其铸型可以连续重复使用，大大节约了生产成本，提高了生产效率，适合中小型简单铸件的批量生产。金属型铸造的主要缺点是金属型无透气和退让性，铸件冷却速度快，容易产生浇不到、冷隔和裂纹等缺陷。

图 7-7 所示为几种常见金属型铸件。

图 7-7　几种常见金属型铸件

7.1.5　压力铸造

压力铸造是将液态或半液态金属高速压入铸型，并在高压下凝固结晶而获得铸件的方法。一般在压铸机（见图 7-8）上完成。

将加热为液态的铜、锌、铝或铝合金等金属浇入压铸机的入料口，经压铸机压铸，铸造出模具限制的形状和尺寸的铜、锌、铝或铝合金零件，这样的零件通常叫做压铸件。常见有色金属压铸件如图 7-9 所示。

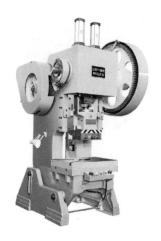

图 7-8　压铸机

图 7-9　有色金属压铸件

7. 1. 6　离心铸造

将液态金属浇入旋转的铸型里，在离心力作用下充型并凝固成铸件的铸造方法，称为离心铸造。离心铸造用的机器称为离心铸造机。离心铸造不用型芯和浇注系统即可获得中空铸件，大大简化了管、套类铸件的生产过程，而且节约了金属材料，其铸件组织致密，无缩孔、缩松、气孔、夹渣等缺陷，力学性能良好。由于离心力的作用，金属液的充型能力有所提高，可浇注流动性差的合金和薄壁铸件，也可方便地铸造双金属铸件。离心铸造可用于铸造管、套类铸件，如铸铁管、铜套、内燃机缸套和双金属钢背铜套等，如图 7-10 所示。

图 7-10 离心铸造的各类管件

离心铸造是在离心铸造机上完成的，按照铸型的旋转轴方向不同，离心铸造机分为卧式、立式和倾斜式三种。卧式离心铸造机主要用于浇注各种管状铸件，如灰铸铁、球墨铸铁的水管和煤气管，管径最小为 75mm，最大可达 3000mm。此外，可浇注造纸机用大口径铜辊筒，各种碳钢、合金钢管以及要求内外层有不同成分的双层材质钢轧辊。立式离心铸造机则主要用于生产各种环形铸件和较小的非圆形铸件。

7.1.7 重力铸造

重力铸造是指金属液在重力作用下注入铸型的工艺，也称重力浇注。广义的重力铸造包括砂型浇注、金属型浇注、熔模铸造和消失模铸造等；狭义的重力铸造主要指金属型浇注。重力铸造一般在重力铸造机（见图 7-11）上完成，所铸成的铸件称为重力铸件，如图 7-12 所示。

图 7-11 重力铸造机

图 7-12 重力铸件

7.2　塑性加工

金属的塑性加工是利用金属的塑性，通过外力使金属铸锭、金属粉末或各种金属坯料发生塑性变形，从而获得具有所需形状、尺寸和性能制品的加工方法。塑性加工具有如下特点：①材料利用率高；②生产效率高；③产品质量高、性能好、缺陷少；④加工精度和成形极限有限；⑤模具和设备费用昂贵。

7.2.1　塑性加工的种类

塑性加工分为体积成形和板料成形两大类。体积成形的坯料一般为棒材或扁坯，坯料经受很大的塑性变形，形状或横截面以及表面积与体积之比发生显著的变化，包括轧制、挤压、拉拔、锻造、剪切，如图 7-13 ~ 图 7-17 所示。板料成形的坯料是各种板材或用板材预先加工成的中间坯料，板材的形状发生显著变化，但其横截面形状基本上不变，包括弯曲、拉深、胀形等，如图 7-18 ~ 图 7-20 所示。

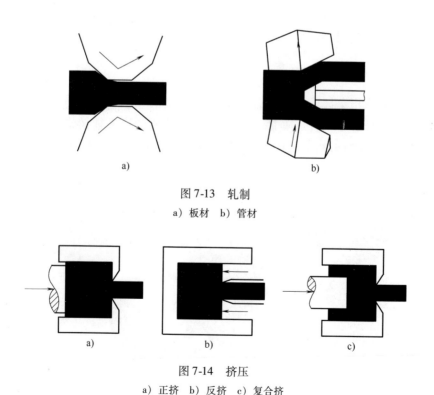

图 7-13　轧制
a）板材　b）管材

图 7-14　挤压
a）正挤　b）反挤　c）复合挤

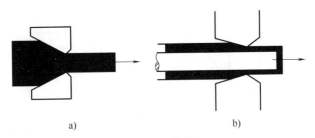

图 7-15　拉拔

a) 实心　b) 空心

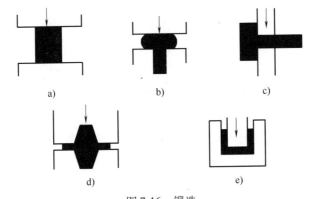

图 7-16　锻造

a) 镦粗　b) 镦头　c) 拔长　d) 开式　e) 闭式

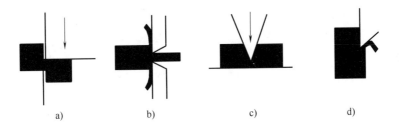

图 7-17　剪切

a) 切断　b) 剥皮　c) 剁切　d) 修边

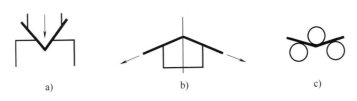

图 7-18　弯曲

a) V 形弯　b) 胀弯　c) 辊弯

图 7-19　拉深　　　　　　　图 7-20　胀形

7.2.2　锻压

锻压是锻造与冲压的总称，成语千锤百炼中的"千锤"指的就是锻压。所谓锻造，是指在加压设备及工（模）具的作用下，使坯料或铸锭产生局部或全部的塑性变形，以获得一定的几何形状、尺寸和质量的锻件的加工方法。所谓冲压，是指通过装在压力机上的模具对板料施压，使之产生分离或变形，从而获得一定形状、尺寸和性能的零件或毛坯。

图 7-21 所示为一个闹钟双铃提环的冲压成形过程，图 7-22 所示为几种锻压件。

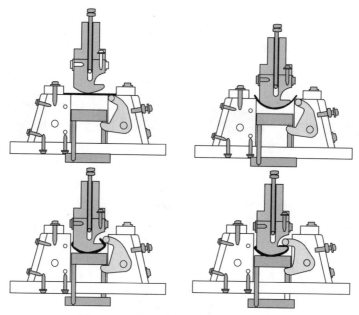

图 7-21　闹钟双铃提环的冲压成形过程

1. 锻压的历史

人类在新石器时代末期，已开始以锤击天然纯铜来制造装饰品和小型生活用品。我国在公元前 2000 多年就已应用冷锻工艺制造工具了，如甘肃武威皇娘娘台齐家文化遗址出土的红铜器物，就有明显的锤击痕迹。商代中期用陨铁制造的武器（见图 7-23）1977 年在北京市平谷区出土，这表明我国劳动人民早在 3000 多年以前就认识了铁，熟悉了铁的锻造性能，识别了铁与青铜在性质上的差别，把铁铸在铜兵器的刃部，提高其硬度。春秋后期出现的块炼熟铁，就是经过反复加热锻造以挤出氧化物夹杂而成形的。

图 7-22　几种锻压件

最初人们靠抡锤进行锻造，后来出现通过人拉绳索和滑车来提起重锤再自由落下的方法锻打坯料，14 世纪以后出现了畜力和水力落锤锻造。1842 年，英国的内史密斯制成第一台蒸汽锤，使锻造进入应用动力的时代。此后陆续出现锻造水压机、电动机驱动的夹板锤、空气锻锤和机械压力机。夹板锤最早应用于美国内战期间，用以模锻武器的零件，随后在欧洲出现了蒸汽模锻锤，模锻工艺逐渐推广。到 19 世纪末已形成近代锻压机械的基本门类。

图 7-23　商代陨铁刃铜钺

20 世纪初期，随着汽车开始大量生产，热模锻迅速发展，成为锻造的主要工艺。20 世纪中期，热模锻压力机、平锻机和无砧锻锤逐渐取代了普通锻锤，提高了生产效率，减小了振动和噪声。随高精度和高寿命模具、热挤压、成形轧制等新锻造工艺和锻造操作机、机械手以及自动锻造生产线的发展，锻造生产的效率和经济效益不断提高。

2. 锻压的特点

锻压是使金属进行塑性流动而制成所需形状零件的工艺过程，金属受外力产生塑性流动后体积不变，而且金属总是向阻力最小的部分流动。生产中，常根据这些规律控制工件形状，实现镦粗、拔长、扩孔、弯曲、拉深等变形。

在锻造加工中，坯料整体发生明显的塑性变形，有较大量的塑性流动；在冲压加工中，坯料主要通过改变各部位面积的空间位置而成形，其内部不出现较大距离的塑性流动。锻压主要用于加工金属制件，也可用于加工某些非金属，如工程塑料、橡胶、陶瓷坯、砖坯以及复合材料等。

锻压可以改变金属组织，提高金属性能。铸锭经过热锻压后，原来的铸态疏松、孔隙、微裂等被压实或焊合；原来的枝状结晶被打碎，使晶粒变细；同时改变原来的碳化物偏析和不均匀分布，使组织均匀，从而获得内部密实、均匀、细微、综合性能好、使用可靠的锻件。锻件经热锻变形后，钢内出现与热形变加工方向大致平行的条带所组成的偏析组织，这种组织称为带状组织；经冷锻变形后，金属晶体呈有序性。金属经热锻压或经切削加工后的组织形貌如图 7-24 所示。

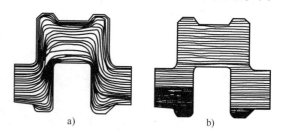

a)   b)

图 7-24　曲轴组织流线

a）锻造加工　b）切削加工

锻压和冶金工业中的轧制、拔制等都属于塑性加工，或称压力加工，但锻压主要用以生产金属制件，而轧制、拔制等主要用以生产板材、带材、管材、型材和线材等通用性金属材料。

3. 锻压的分类

锻压主要按成形方式和变形温度进行分类。按成形方式可分为锻造和冲压两大类；按变形温度可分为热锻压、冷锻压、温锻压和等温锻压等。

（1）热锻压　热锻压是在金属再结晶温度以上进行的锻压。提高温度能改善金属的塑性，有利于提高工件的内在质量，使之不易开裂。较高的温度还能减小金属的变形抗力，降低所需锻压机械的吨位。但热锻压工序多，工件精度差，表面不光洁，锻件容易产生氧化、脱碳和烧损。加工工件大且厚的，或材料强度高、塑性低（如特厚板的滚弯、高碳钢棒的拔长等）的，都需采用热锻压。

（2）冷锻压　冷锻压是在低于金属再结晶温度下进行的锻压，通常所说的冷锻压多专指在常温下的锻压。

（3）温锻压　温锻压是高于常温、但又不超过再结晶温度下的锻压。将金属预先加热，加热温度较热锻压低许多。温锻压的精度较高，表面较光洁，但变形抗力不大。

（4）等温锻压　等温锻压是在整个成形过程中坯料温度保持恒定值的锻压方法。等温锻压的目的是为了充分利用某些金属在同一温度下所具有的高塑性，或是为了获得特定的组织和性能。等温锻压需要将模具和坯料一起保持恒温，所需费用较高，仅用于特殊的锻压工艺，如超塑成形。

7.3　焊接

焊接是通过加热、加压，或两者并用，使两工件产生原子间结合，实现永久性连接的加工工艺和连接方式。焊接应用广泛，既可用于金属，也可用于非金属。从近年来我国完成的一些标志性工程可以看出，焊接技术发挥了重要作用。例如三峡水利枢纽的水电装备是一套庞大的焊接系统，包括导水管、蜗壳、转轮、大轴、发电机机座等，其中马氏体不锈钢转轮直径为10.7m、高为5.4m、质量为440t，是目前世界上最大的铸-焊结构转轮。"神舟"号飞船的返回舱和轨道舱都是铝合金的焊接结构，其气密性和变形控制是焊接制造的关键。上海卢浦大桥（见图7-25）是世界上最长的全焊钢拱桥，炼油厂（见图7-26）的油罐大都是焊接而成的，国家大剧院的椭球型穹顶是焊接的钢结构穹顶。这些大型结构都是我国最新且具有代表性的重要焊接工程。由此可见，焊接技术在国民经济建设中具有重要的作用和地位。

焊接技术是随着金属的应用而出现的，古代的焊接方法主要是铸焊、钎焊和锻焊。我国商朝制造的铁刃铜钺，就是铁与铜的铸焊件，其表面铜与铁的熔合线蜿蜒曲折，接合良好。春秋战国时期曾侯乙墓中的建鼓铜座上有许多盘龙，是分段钎焊连接而成的。经分析，所用的材料与现代软钎料成分相近。

图 7-25　上海卢浦全焊钢拱桥

古代焊接技术长期停留在铸焊、锻焊和钎焊的水平上，使用的热源都是炉火，温度低、能量不集中，无法用于大截面、长焊缝工件的焊接，只能用于制作装饰品、简单的工具和武器。

图 7-26　炼油厂

7.3.1　熔焊

熔焊是在焊接过程中将工件接口加热至熔化状态，不加压力完成焊接的方法。熔焊时，热源将待焊两工件接口处迅速加热熔化，形成熔池。熔池随热源向前移动，冷却后形成连续焊缝而将两工件连接成为一体，如图 7-27 和图 7-28 所示。

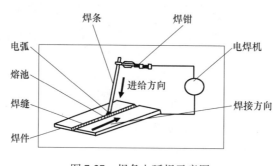

图 7-27　焊条电弧焊示意图

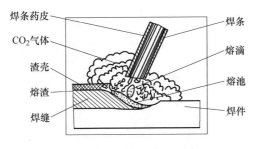

图 7-28　焊条电弧焊的熔池

在熔焊过程中，如果大气与高温的熔池直接接触，大气中的氧就会氧化金属和各种合金元素。大气中的氮气、水蒸气等进入熔池还会在随后的冷却过程中在焊缝中形成气孔、夹渣、裂纹等缺陷，恶化焊缝的质量和性能。

气体保护焊分为电极熔化和电极不熔化两类，如图 7-29 所示。

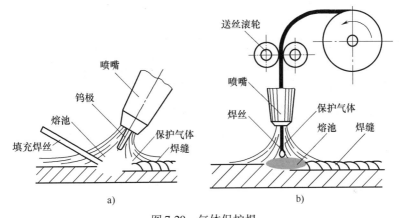

图 7-29　气体保护焊
a）电极不熔化　b）电极熔化

图 7-30 所示为常用的药皮保护型焊条，图 7-31 所示为电焊机。

图 7-30　常用的药皮保护型焊条

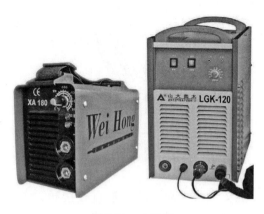

图 7-31 电焊机

7.3.2 压焊

压焊是在加压条件下，使两工件在固态下实现原子间结合的焊接方法，又称固态焊接。常用的压焊工艺是电阻对焊，当电流通过两工件的连接端时，该处因电阻很大而温度上升，当加热至塑性状态时，在轴向压力作用下连接成一体。

各种压焊方法的共同特点是在焊接过程中施加压力而不加填充材料。多数压焊方法，如扩散焊、高频焊、冷压焊等都没有熔化过程，因而没有像熔焊那样的有益合金元素烧损和有害元素侵入焊缝的问题，从而简化了焊接过程，也改善了焊接安全卫生条件。同时，由于加热温度比熔焊低，加热时间短，因而热影响区小。许多难以用熔焊焊接的材料，往往可以用压焊焊成与母材同等强度的优质接头（见图7-32）。图7-33所示为台式压焊机。

图 7-32 压焊接头

图 7-33 台式压焊机

7.3.3 钎焊

钎焊是利用钎料，在低于母材熔点而高于钎料熔点的温度下，与母材一起加热，钎料熔化后通过毛细作用，扩散并填满钎缝间隙而形成牢固接头的一种焊接方法。美国焊接学会对钎焊的定义是："一组焊接方法，它通过把各种材料加热到适当的温度，通过使用具有液相温度高于450℃但低于母材固相线温度的钎料完成材料的连接，钎料依靠毛细吸附作用分布到接头紧密配合面上"。图7-34所示为钎焊接头示意图，图7-35所示为钎焊钎剂及钎料，图7-36所示为磷铜钎焊铜翅片管。

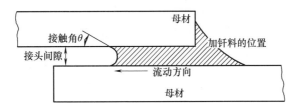

图 7-34　钎焊接头

图 7-35　钎焊钎剂及钎料

钎焊是人类最早使用的材料连接方法之一，在人类尚未开始使用铁器时，就已经开始用钎焊来连接金属了。在埃及出土的古文物中，就有用银铜钎料钎焊的管子和用金钎料连接的护符盒，据考证分别是5000年前和近4000年前的物品。公元79年火山爆发被埋没的庞贝城的废墟中，残存着由钎焊连接的家用钎制水管的遗迹，使用的钎料类似现代使用的钎料成分。在秦始皇兵马俑青铜器马车中也大量采用了钎焊技术。

图 7-36　磷铜钎焊铜翅片管

钎焊、熔焊和压焊并称为现代三大焊接技术。而钎焊与熔焊或压焊相比，主要有下列不同之处：①钎焊时只有钎料熔化而母材保持固态，钎料的熔点低于母材的熔点；②焊接过程中，不需对工件施加压力；③焊接过程中钎料和母材的组织及力学性能变化不大，应力和变形可减小到最低程度，容易保证工件的尺寸精度；④接头平整光滑，工艺简单，可同时焊接多个工件，一次可焊成几十条或上百条焊缝，生产率高；⑤可以实现异种金属、金属与非金属的连接，且对工件厚度无严格要求；⑥钎焊设备简单，生产投资费用少；⑦钎焊接头强度比较低，耐热性较差，并且多采用搭接形式，增加了母材消耗和结构的质量。

钎焊一般在钎焊机（见图7-37）上完成，材料钎焊连接时，工件变形小，接头一般是以搭接形式装配，焊缝光滑美观，适合于焊接精密、复杂和由不同材料组成的构件，如蜂窝结构板、叶片、硬质合金刀具和印刷电路板等。钎焊前必须对工件进行细致的加工和严格的清洗，除去油污和过厚的氧化膜，并保证接口装配间隙。一般要求接口装配间隙为 0.01 ~ 0.2mm。目前钎焊工艺在航空航天、电子电器、机械制造、交通工具、通信和先进武器系统等方面获得广泛的应用。

图 7-37　钎焊机

7.3.4　金属材料焊接术语

金属材料焊接术语见表7-2。

表 7-2　金属材料焊接术语

序 号	术 语	释 义
1	焊接	通过加热或加压、或两者并用，并且用或不用填充材料，使工件达到结合的一种方法
2	定位焊	为装配和固定焊件接头的位置而进行的焊接
3	焊接性	材料在限定的施工条件下焊接成规定设计要求的构件，并满足预定服役要求的能力。焊接性受材料、焊接方法、构件类型及使用要求等因素的影响
4	熔焊	将待焊处的母材金属熔化形成焊缝的焊接方法
5	堆焊	为增大或恢复焊件尺寸，或使焊件表面获得具有特殊性能的熔敷金属而进行的焊接
6	电弧焊	利用电弧作为热源的熔焊方法
7	压焊	焊接过程中，必须对焊件施加压力（加热或不加热），以完成焊接的方法。包括固态焊、热压焊、扩散焊、气压焊及冷压焊等
8	电阻焊	工件组合后通过电极对其施加压力，利用电流通过接头的接触面及邻近区域产生的电阻热进行焊接的方法
9	焊剂	焊接时，能够熔化成熔渣和气体，对熔化金属起保护和冶金物理化学作用的一种物质。用于埋弧焊的为埋弧焊剂。用于钎焊的有硬钎焊钎剂和软钎焊钎剂

7.3.5　常用金属材料的焊接难易程度

常用金属材料的焊接难易程度见表 7-3。

表 7-3　常用金属材料的焊接难易程度

种　　类		焊条电弧焊	埋弧焊	CO_2气体保护焊	惰性气体保护焊	电渣焊	电子束焊	气焊	气压焊	点缝焊	闪光对焊	铝热焊	钎焊
铸铁	灰铸铁	B	D	D	B	B	C	A	D	D	D	B	C
	可锻铸铁	B	D	D	B	B	C	A	D	D	D	B	C
	合金铸铁	B	D	D	B	B	C	A	D	D	D	A	C
铸钢	碳素钢	A	A	A	B	A	B	A	B	A	A	A	B
	高锰钢	B	B	B	B	A	B	A	D	B	B	B	B
纯铁		A	A	A	C	A	A	A	A	A	A	A	A
碳素钢	低碳钢	A	A	A	B	A	A	A	A	A	A	A	A
	中碳钢	A	A	A	B	B	A	A	A	A	A	A	A
	高碳钢	A	B	B	B	B	A	A	A	A	D	A	B
	工具钢	B	B	B	B	—	A	A	A	A	D	A	B
	含铜钢	A	A	A	B	—	A	A	A	A	A	A	B
低合金钢	镍钢	A	A	A	B	B	A	B	A	A	A	A	B
	镍铜钢	A	A	A	—	B	A	B	A	A	A	A	B
	锰钼钢	A	A	A	—	B	A	B	B	A	A	A	B
	碳素钼钢	A	A	A	—	B	A	B	B	—	A	A	B
	镍铬钢	A	A	A	B	B	A	B	A	A	A	A	B
	铬钼钢	A	A	A	B	B	A	B	A	D	A	B	B
	镍铬钼钢	B	A	B	B	B	A	B	A	D	B	B	B
	镍钼钢	B	B	B	B	B	A	B	A	D	B	B	B
	铬钢	A	B	A	—	B	A	B	A	D	A	A	B
	铬钒钢	A	A	A	B	B	A	B	A	D	A	A	B
	锰钢	A	A	A	B	B	A	B	A	B	A	D	B
不锈钢	铬钢（马氏体）	A	A	B	A	C	A	A	B	C	B	D	C
	铬钢（铁素体）	A	A	B	A	C	A	A	B	A	A	D	C
	铬镍钢（奥氏体）	A	A	A	B	C	A	A	A	A	A	B	B
耐热合金		A	A	A	A	D	A	B	B	A	A	D	C
高镍合金		A	A	A	A	D	A	A	D	A	A	D	B

注：A 指通常采用；B 指有时采用；C 指很少采用；D 指不采用。

第8章

金属材料的热处理

　　金属本就诞生于烈火中，而诞生于烈火中的金属又会因为另一把火而性能大变，这是"见证奇迹的时刻"，但却不是魔术，因为这是真真实实存在的！这里所说的对金属进行的"一把火"的处理在工业生产上被称为"热处理"。

　　热处理是机械零件和工、模具制造过程中的重要工序之一，它可以保证和提高工件的各种性能，如耐磨、耐腐蚀等，还可以改善毛坯的组织和应力状态，以利于进行各种冷、热加工。例如：白口铸铁经过长时间退火处理可以获得可锻铸铁，提高塑性；齿轮采用正确的热处理工艺，使用寿命可以比不经热处理的齿轮成倍或几十倍的提高；价廉的碳钢通过渗入某些合金元素就具有某些价昂的合金钢的性能，可以代替某些耐热钢、不锈钢；工、模具则几乎全部需要经过热处理方可使用。与其他加工工艺相比，热处理一般不改变工件的形状和整体的化学成分，而是通过改变工件内部的显微组织，或改变工件表面的化学成分，赋予或改善工件的使用性能。其特点是改善工件的内在质量，而这一般不是肉眼所能看到的，它是机械制造中的特殊工艺过程，也是质量管理的重要环节。

　　我国从春秋战国时期便开始大量使用铁器，明朝科学家宋应星在《天工开物》一书中就记载了古代生铁炒熟工艺，如图8-1所示。这说明早在欧洲工业革命之前，我国在金属材料及热处理方面就已经有了较高的成就。

图8-1　生铁炒熟图

8.1 热处理综述

8.1.1 热处理的历史

在从石器时代进展到铜器时代和铁器时代的过程中，热处理的作用逐渐被人们所认识。早在商代，就已经有了经过再结晶退火的金箔饰物。公元前 770 年，我国人民在生产实践中就已发现，铜铁的性能会因温度和加压变形的影响而变化。公元前 6 世纪，钢铁兵器逐渐被采用，为了提高钢的硬度，淬火工艺得到了迅速发展。河北省易县出土的两把剑和一把戟，其显微组织中都有马氏体存在（见图 8-2），说明它们是经过淬火的。

图 8-2　马氏体微观形貌

1863 年，英国金相学家展示了钢铁在显微镜下的几种不同的金相组织（见图 8-3），证明了钢在加热和冷却时，内部组织会发生改变，钢在中高温时的相在急冷时转变为一种较硬的相。法国人确立的铁的同素异构理论，英国人绘制的铁碳相图，都为现代热处理工艺初步奠定了理论基础。与此同时，人们还研究了在金属热处理的加热过程中对金属的保护方法，以避免加热过程中金属的氧化和脱碳等。

20 世纪以来，金属物理的发展和其他新技术的应用，使金属热处理工艺得到了更大的发展。

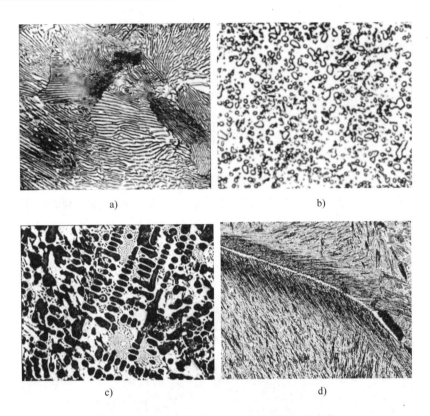

a)   b)

c)   d)

图 8-3   钢铁在显微镜下的几种不同的金相组织
a）片状珠光体   b）粒状珠光体   c）莱氏体   d）上贝氏体

8.1.2   热处理的过程

金属热处理是将金属工件放在一定的介质中加热到适宜的温度，并在此温度中保持一定时间后，又以不同速度在不同的介质中冷却，通过改变金属材料表面或内部的显微组织结构来控制其性能的一种工艺。

热处理工艺一般包括加热、保温、冷却三个过程，有时只有加热和冷却两个过程。这些过程互相衔接，不可间断，如图 8-4 所示。

1. 加热

加热是热处理的重要工序之一。金属热处理的加热方法很多，最早是采用木炭和煤

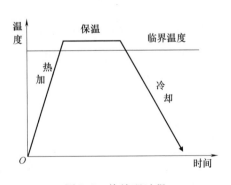

图 8-4   热处理过程

作为热源，进而应用液体和气体燃料。电的应用使加热更容易控制，且无环境污染。

金属加热时，工件暴露在空气中，常常发生氧化、脱碳（即钢铁零件表面碳含量降低），这对于热处理后零件的表面性能有很不利的影响。因而金属通常应在可控气氛或保护气氛中、熔融盐中和真空中加热，也可用涂料或包装方法进行保护加热。

2. 保温

当金属工件表面达到要求的加热温度时，还应在此温度保持一定时间，使内外温度一致，使显微组织转变完全，这段时间称为保温时间。采用高能密度加热和表面热处理时，加热速度极快，一般就没有保温时间，而化学热处理的保温时间往往较长。

3. 冷却

冷却也是热处理工艺过程中不可缺少的步骤，冷却方法因工艺不同而不同，主要是控制冷却速度。

8.2　常用热处理方法

8.2.1　著名的"四把火"

整体热处理就是工厂里人们所讲的"四把火"，指的就是最常用的四种热处理方法：退火、正火、淬火和回火。淬火与回火关系密切，常常配合使用，缺一不可。四把火随着加热温度和冷却方式的不同，又演变出不同的热处理工艺，包括调质、时效处理和形变热处理。

整体热处理的工艺过程如图 8-5 所示。

1. 退火

将钢加热到一定温度并保温一段时间，然后使它随炉缓慢冷却的热处理方法，称为退火。退火得到的组织通常是珠光体和铁素体。退火的目的，是为了消除

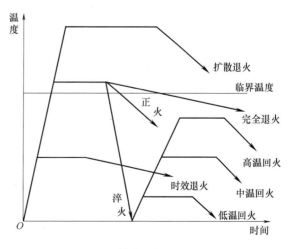

图 8-5　整体热处理的工艺过程

组织缺陷，改善组织使成分均匀化，细化晶粒，提高钢的力学性能，减少残余应力。同时，退火可降低硬度，提高塑性和韧性，改善切削加工性能。退火既为了消除和改善前道工序遗留的组织缺陷和内应力，又为后续工序做好准备，所以退火是属于半成品热处理，又称预备热处理。

退火丝（见图8-6）是用低碳钢冷拔、加热、恒温和保温等工艺加工而成的一种软质钢丝产品。退火丝的用途不同，成分也不一样，它含有铁、钴、镍、铜、碳、锌等成分。将炽热的金属坯轧成6.5mm粗的钢条（也就是盘条），再将其放入拉丝装置内拉成不同直径的线，并逐步缩小拉丝盘的孔径，进行冷却、退火、涂镀等加工工艺制成各种不同规格的退火丝。

图8-6 退火丝

2. 正火

正火是将钢加热到某温度以上，使钢全部转变为均匀的奥氏体，然后在空气中自然冷却的热处理方法，得到的组织通常是索氏体。它能消除过共析钢的网状渗碳体，对亚共析钢正火可细化晶粒，提高综合力学性能，对要求不高的零件用正火代替退火工艺是比较经济的。

正火与退火的不同点是正火冷却速度比退火冷却速度稍快，因而正火组织要比退火组织更细小一些，其力学性能也有所提高。另外，正火炉外冷却不占用设备，生产率较高，因此生产中尽可能采用正火来代替退火。

正火的主要应用：①用于低碳钢，正火后硬度略高于退火，韧性也较好，可作为切削加工的预处理；②用于中碳钢，可代替调质处理作为最后热处理；③用于工具钢、轴承钢、渗碳钢等，可以消降或抑制网状碳化物的形成，从而得到球化退火所需的良好组织；④用于铸钢件，可以细化铸态组织，改善切削加工性能；⑤用于大型锻件，可作为最后热处理，从而避免淬火时较大的开裂倾向；⑥用于球墨铸铁，使硬度、强度、耐磨性得到提高，如用于制造汽车、拖拉机、柴油机的曲轴（见图8-7）、连杆等重要零件。

图8-7 柴油机的曲轴

3. 淬火

淬火是将钢加热到某温度以上，保温

一段时间，然后很快放入淬火冷却介质中，使其温度骤然降低，以大于临界冷却速度的速度急速冷却，而获得以马氏体或下贝氏体为主的不平衡组织的热处理方法。淬火能提高钢的强度和硬度，但要降低其塑性。淬火中常用的淬火冷却介质有水、油、碱水和盐类溶液等。

淬火可以提高金属工件的硬度及耐磨性，因而广泛用于各种工具、模具、量具及要求表面耐磨的零件，如齿轮、轧辊、渗碳零件等。图 8-8 所示为淬火后的齿轮。另外，淬火还可使一些特殊性能的钢获得一定的物理化学性能，如淬火使永磁钢增强其铁磁性、不锈钢提高其耐蚀性等。

图 8-8　淬火后的齿轮

4. 回火

将已经淬火的钢重新加热到一定温度，再用一定方法冷却的热处理方法称为回火。其目的是消除淬火产生的内应力，降低硬度和脆性，以取得预期的力学性能。回火多与淬火、正火配合使用。根据回火温度的不同，可将回火分为低温回火、中温回火和高温回火。

（1）低温回火（150~250℃）　低温回火所得组织为回火马氏体，其目的是在保持淬火钢的高硬度和高耐磨性的前提下，降低其淬火内应力和脆性，以免使用时崩裂或过早损坏。它主要用于各种高碳的切削刀具、量具、冲模、滚动轴承以及渗碳件等，回火后硬度一般为 60HRC 左右。

（2）中温回火（350~500℃）中温回火的目的是获得高的屈服强度、弹性极限和较高的韧性。因此，它主要用于各种弹簧（见图 8-9）和热作模具的处理，回火后硬度一般为 45HRC 左右。

（3）高温回火（500~650℃）习惯上将淬火加高温回火相结合的热处理称为调质处理，其目的是获得强

图 8-9　中温回火后的弹簧

度、硬度、塑性和韧性都较好的综合力学性能。因此，广泛用于汽车、拖拉机、机床等的重要结构零件，如连杆、螺栓、齿轮及轴类等。回火后硬度一般为 260HBW 左右。

应该注意，调质钢是在冶炼钢材时加锰、硅元素，并不是进行过调质热处理的钢，要注意区别。

8.2.2　表面淬火

表面淬火是通过快速加热，使钢件表面很快达到淬火的温度，在热量来不及穿到工件心部就立即冷却，实现局部淬火。表面淬火的目的在于获得高硬度、高耐磨性的表面，而心部仍然保持原有的良好韧性，常用于机床主轴、齿轮和发动机的曲轴等。

表面淬火方法有多种，主要有感应淬火（见图8-10）和火焰淬火（见图8-11）。

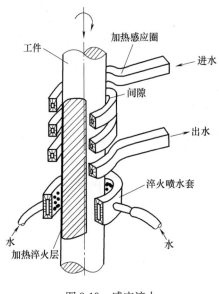

图 8-10　感应淬火　　　　　　　　　　图 8-11　火焰淬火

8.2.3　化学热处理

化学热处理是利用化学反应（有时兼用物理方法）改变钢件表层化学成分及组织结构，以便得到比均质材料更好的经济效益的金属热处理工艺。由于机械零件的失效和破坏大多数都发生在表面层，特别在可能引起磨损、疲劳、金属腐蚀、氧化等条件下工作的零件，表面层的性能尤为重要。经化学热处理后的钢件，心部为原始成分的钢，表层则是渗入了合金元素的材料。心部与表层之间是紧密的晶体型结合，它比电镀等表面复护技术所获得的心部与表面的结合要强得多。图8-12所示为一个标准的化学热处理车间。

最常用的化学热处理方法有渗碳（见图8-13）、渗氮和碳氮共渗。

图 8-12　化学热处理车间

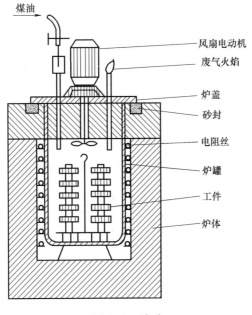

图 8-13　渗碳

8.2.4　接触电阻加热淬火

通过电极将小于 5V 的电压加到工件上，电极与工件接触处流过很大的电流，并产生大量的电阻热使工件表面加热到淬火温度，然后把电极移去，热量即传入工件内部而表面迅速冷却，从而达到淬火目的。当处理长工件时，电极不断向前移动，留在后面的部分不断淬硬。这一方法的优点是设备简单、操作方便、易于自动化、工件畸变极小，并且不需要回火，还能显著提高工件的耐磨性和抗擦伤能力。但淬硬层较薄（0.15～0.35mm），显微组织和硬度均匀性较差。这种方法多用于铸铁做的机床导轨的表面淬火，应用范围不广。

8.2.5　电解加热淬火

将工件置于酸、碱或盐类水溶液的电解液中，工件接阴极，电解槽接阳极。接通直流电后电解液被电解，在阳极上放出氧，在工件上放出氢。氢围绕工件形成气膜，使成为电阻体而产生热量，将工件表面迅速加热到淬火温度，然后断电，气膜立即消失，电解液即成为淬冷介质，使工件表面迅速冷却而淬硬。常用的电解液为质量分数为5%～18%碳酸钠的水溶液。电解加热方法简单，处理时间短（加热时间仅需5～10s）、生产率高、淬冷畸变小、适于小零件的大批量生产，已用于发动机排气阀杆端部的表面淬火。

8.2.6　时效处理

为了消除精密量具或模具、零件在长期使用中尺寸、形状的变化，常在低温回火后精加工前，把工件重新加热到100～150℃，保持5～20h，这种稳定精密制件质量的处理，称为时效处理。

8.2.7　形变热处理

把压力加工形变与热处理时效紧密地结合起来进行，使工件获得很好的强度、韧性配合的方法称为形变热处理。形变热处理是在金属材料上有效地综合利用形变强化和相变强化，将压力加工与热处理操作相结合，使成形工艺同获得最终性能统一起来的一种工艺方法。不但能够得到一般加工处理所达不到的高强度、高塑性和高韧性的良好配合，而且还能大大简化钢材或零件的生产流程，从而带来相当好的经济效益。因此，形变热处理得到了冶金工业、机械制造业和尖端部门的普遍重视，发展极为迅速。

8.3　用数字和字母表示热处理工艺

热处理工艺部门经常用数字和字母表示热处理工艺，GB/T 12603 - 2005《金属热处理工艺分类及代号》规定了不同的热处理工艺代号（见表8-1）。

表8-1　热处理工艺代号

工　艺	代　号	工　艺	代　号
热处理	500	真空热处理	500-02
整体热处理	510	盐浴热处理	500-03
可控气氛热处理	500-01	感应热处理	500-04

（续）

工　艺	代　号	工　艺	代　号
火焰热处理	500-05	激光淬火和回火	521-06
激光热处理	500-06	电子束淬火和回火	521-07
电子束热处理	500-07	电接触淬火和回火	521-11
离子轰击热处理	500-08	物理气相沉积	522
流态床热处理	500-10	化学气相沉积	523
退火	511	等离子体增强化学气相沉积	524
去应力退火	511-St	离子注入	525
均匀化退火	511-H	化学热处理	530
再结晶退火	511-R	渗碳	531
石墨化退火	511-G	可控气氛渗碳	531-01
脱氢处理	511-D	真空渗碳	531-02
球化退火	511-Sp	盐浴渗碳	531-03
等温退火	511-I	固体渗碳	531-09
完全退火	511-F	流态床渗碳	513-10
不完全退火	511-P	离子渗碳	531-08
正火	512	碳氮共渗	532
淬火	513	渗氮	533
空冷淬火	513-A	气体渗氮	533-01
油冷淬火	513-O	液体渗氮	533-03
水冷淬火	513-W	离子渗氮	533-08
盐水淬火	513-B	流态床渗氮	533-10
有机水溶液淬火	513-Po	氮碳共渗	534
盐浴淬火	513-H	渗其他非金属	535
加压淬火	513-Pr	渗硼	535（B）
双介质淬火	513-I	气体渗硼	535-01（B）
分级淬火	513-M	液体渗硼	535-03（B）
等温淬火	513-At	离子渗硼	535-08（B）
形变淬火	513-Af	固体渗硼	535-09（B）
气冷淬火	513-G	渗硅	535（Si）
淬火及冷处理	513-C	渗硫	535（S）
可控气氛加热淬火	513-01	渗金属	536
真空加热淬火	513-02	渗铝	536（Al）
盐浴加热淬火	513-03	渗铬	536（Cr）
感应加热淬火	513-04	渗锌	536（Zn）
流态床加热淬火	513-10	渗钒	536（V）
盐浴加热分级淬火	513-10M	多元共渗	537
盐浴加热盐浴分级淬火	513-10H＋M	硫氮共渗	537（S-N）
淬火和回火	514	氧氮共渗	537（O-N）
调质	515	铬硼共渗	537（Cr-B）
稳定化处理	516	钒硼共渗	537（V-B）
固溶处理，水韧化处理	517	铬硅共渗	537（Cr-Si）
固溶处理＋时效	518	铬铝共渗	537（Cr-Al）
表面热处理	520	硫氮碳共渗	537（S-N-C）
表面淬火和回火	521	氧氮碳共渗	537（O-N-C）
感应淬火和回火	521-04	铬铝硅共渗	537（Cr-Al-Si）
火焰淬火和回火	521-05		

第 9 章

金属材料的物理性能

金属材料的物理性能包括熔点、密度、线胀系数、比热容、热导率和平均电阻温度系数。

9.1 熔点

熔点是物质固、液两种状态可以共存并处于平衡的温度。物质的熔点并不是固定不变的，影响熔点的因素有压力和物质中的杂质。人们平时所说的某物质的熔点，通常是指纯净的物质的熔点。但在现实生活中，大部分物质都不是纯净的，例如冰中溶有盐，其熔点就会明显地下降，海水就是因为溶有盐，在冬天结冰温度才比河水低的。在冬天下大雪时北方的城市，常常往公路的积雪上撒盐，就是为了让雪的纯度降低。同样的道理，金属合金的熔点总是低于纯金属的熔点。

金属的熔点对材料的熔炼、热加工有直接的影响。钢在切削加工时不会燃烧，但在切削镁合金时很容易发生镁燃烧的现象，这是因为镁合金的熔点低（镁的熔点是650℃，镁合金的熔点低于这个温度）的缘故。图9-1所示为铁达到熔点状态的情景。

图 9-1　达到熔点状态的铁

9.2 密度

密度是一种反映物质特性的物理量。物质特性是指物质本身具有的而又能相互区别的一种性质，人们往往感觉铁块重一些，木板轻一些，这里的重和轻实质上指的是密度的大小。密度是物质的一种特性，它不随质量、体积的改变而改变，同种物质的密度是恒定不变的。生活中对密度的应用很普遍，图 9-2 所示为一些密度知识的应用实例。

图 9-2　密度知识的应用实例

a）勘探人员常利用物质密度鉴别矿石种类　b）影视中拍摄倒塌时用的大石都是采用密度小的
泡沫塑料做道具的　c）气象工作者利用密度很小的氢气或氦气制造探空气球

除了经常提到的密度的定义外，工业生产中还经常用到堆积密度、松装密度和振实密度这几个名词。

（1）堆积密度　堆积密度是把颗粒自由堆集起来（见图 9-3），在刚堆积完成时所测得的单位体积的质量。该体积是包括颗粒本身的孔隙及颗粒之间的空隙在内的总体积。

图 9-3　堆集颗粒

如果不是在刚填充完毕时进行测量，而是在一定条件下颗粒自由填充后测得的密度，称为松装密度。松装密度测定装置如图 9-4 所示。影响松装密度的因素有很多，如颗粒形状、尺寸、量杯内表面的表面粗糙度及粒度分布等。通常这些因素因颗粒的制取方法及其工艺条件的不同而有明显差别。一般情况下，松装密度随颗粒尺寸的增大、颗粒非球状系数的增大以及量杯内表面的表面粗糙度值的增加而减小。颗粒粒度组成对其松装密度的影响不是单一的，常由颗粒填充空隙和架桥两种作用来决定。若以前者为主，则会使颗粒松装密度提高；若以后者为主，则会使颗粒松装密度降低。为获得所需要的颗粒松装密度值，除考虑以上的因素外，合理地分级分批也是一种可行的办法。

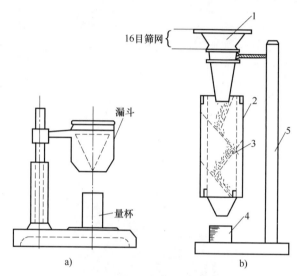

图 9-4　松装密度测定装置

a）无阻尼隔板　b）有阻尼隔板

1—漏斗　2—阻尼箱　3—阻尼隔板　4—量杯　5—支架

（2）振实密度　振实密度是指在规定条件下颗粒经振实后所测得的单位体积的质量。

9.3　线胀系数

热胀冷缩现象在自然界中普遍存在，对人类生活和生产有着广泛的影响，这种现象早已被人们所熟知，并被研究和利用。图 9-5 所示为生活中热胀冷缩的例子。

图 9-5　生活中热胀冷缩的例子

线胀系数是指单位温度变化引起的单位长度试样的线膨胀量。当温度由 t_1 变到 t_2 时，试样的长度相应的从 L_1 变到 L_2，则材料在该温度区间的平均线胀系数 $\bar{\alpha}$ 表达式为

$$\bar{\alpha} = \frac{L_2 - L_1}{L_1(t_2 - t_1)} = \frac{\Delta L}{L_1 \Delta t}$$

式中　$\bar{\alpha}$——平均线胀系数（℃$^{-1}$）；

L_1——试样的初始长度（mm）；

L_2——试样受热膨胀后的长度（mm）；

t_1——试样的初始温度（℃）；

t_2——试样的末温度（℃）；

ΔL——试样长度变化量（mm）；

Δt——试样温度变化量（℃）。

9.4　比热容

在图 9-6 所示的情景中同一时刻，为什么海水和沙子的温度不一样？

图 9-6　海水和沙子的温差

a）中午　b）傍晚

出现这种现象的原因就是物质的比热容不同。比热容又称质量热容，代号为 c，是单位质量的某种物质在温度升高 1℃ 时吸收的热量或温度降低 1℃ 时所放出的热量。

比热容的单位是复合单位，在国际单位制中，能量、功、热量的主单位统一为 J，温度的主单位是 K，因此比热容的主单位为 J/（kg·K）。℃ 和 K 仅在温标表示上有所区别，在表示温差的量值上意义等价，因此这些单位中的 ℃ 和 K 可以任意互相替换。例如"J/（kg·℃）"和"J/（kg·K）"是等价的。

9.5 热导率

市场上销售的不锈钢锅的底部均镀了一层铜，这是什么原因呢?

这是因为不锈钢的导热性能差，加热时如果没有镀铜，火焰正对部位局部高温过热，而其余加热部位的温度相对差异较大，就会造成局部食物烧焦。而铜的导热性能良好，镀铜后可以很好地解决这个问题。这里所说的导热性能可以简单地理解为热导率。

热导率（或称导热系数），是物质导热能力的量度，是指在物体内部垂直于导热方向取两个相距1m、面积为1m²的平行平面，若两个平面的温度相差1℃，则在1s内从一个平面传导至另一个平面的热量就规定为该物质的热导率，其单位为W/（m·K）。

9.6 电阻率

导体在导电的同时还对电流有着阻碍作用，且不同的导体对电流的阻碍作用不同，也就是不同导体材料的电阻率不同。

电阻率是用来表示各种物质电阻特性的物理量，在常温下（20℃）某种材料制成的长1m、横截面积为1mm²的导体的电阻，称为这种材料的电阻率。电阻不仅取决于导体的电性能，而且还与导体的几何形状有关。导体电阻大小与导体的长度 l 成正比，与截面积 S 成反比，关系式为

$$R = \rho \frac{l}{S}$$

式中 R——导体的电阻（Ω）；

       ρ——导体材料的电阻率（$\Omega \cdot m$）；

       l——导体长度（m）；

       S——导体的横截面积（m²）。

电阻率的倒数称为电导率，是导体材料传导电流能力的表征，其常用表达式为

$$\sigma = 1/\rho$$

式中 ρ——电阻率（$\Omega \cdot m$）；

       σ——电导率（S/m）。

9.7　平均电阻温度系数

平均电阻温度系数是指当温度改变1℃时，电阻值的相对变化量，其常用表达式为

$$\overline{\alpha}_{t_1,t_2} = \frac{R_2 - R_1}{R_0(t_2 - t_1)}$$

式中　$\overline{\alpha}_{t_1,t_2}$——$t_1 \sim t_2$温度范围内的平均电阻温度系数（℃$^{-1}$）；

　　　R_1——起始温度t_1下的电阻值（Ω）；

　　　R_2——终止温度t_2下的电阻值（Ω）；

　　　R_0——基准温度t_0下的电阻值（Ω）；

　　　t_1——起始温度（℃）；

　　　t_2——终止温度（℃）。

9.8　常用金属材料的物理性能

常用金属材料的物理性能见表9-1。

表9-1　常用金属材料的物理性能

元素名称	元素符号	熔点/℃	密度/(g/cm³)	线胀系数/10^{-6}K^{-1}	比热容/[J/(g·K)]	热导率/[W/(m·K)]	电阻率/10^{-8}Ω·m	电阻温度系数/10^{-3}K^{-1}
钯	Pd	1552	12.02	11.76	0.243	71.8	10.8	3.77
钡	Ba	725	3.512	18.8	0.192	18.4	36.0	6.1
铋	Bi	271.3	9.808	13.5	0.122	7.92	106.80	4.45
铂	Pt	1769	21.45	8.9	0.134	71.6	10.6	3.927
钒	V	1887	5.87	8.3	0.486	30.7	25	—
钙	Ca	839	1.55	22.3	0.658	201	4.06	4.16
锆	Zr	1852	4.574	5.85	0.276	22.7	40.0	4.4
镉	Cd	320.9	8.642	30.6	0.230	96.9	6.83	4.26
铬	Cr	1875	7.19	8.5	0.4598	93.9	13.0	2.5
汞	Hg	-38.47	13.546	181.9	0.1396	8.30	95.8	0.99
钴	Co	1495	8.832	13.7	0.414	69.04	6.24	6.58
镓	Ga	29.78	5.907	18.3	0.3723	33.49	15.05	4.1
钾	K	63.65	0.862	83.0	0.757	102.5	6.15	5.4

（续）

元素名称	元素符号	熔点/℃	密度/(g/cm³)	线胀系数/$10^{-6}K^{-1}$	比热容/[J/(g·K)]	热导率/[W/(m·K)]	电阻率/$10^{-8}\Omega\cdot m$	电阻温度系数/$10^{-3}K^{-1}$
金	Au	1064.43	19.32	14.1	0.129	317.9	2.35	3.98
钪	Sc	1541	2.992	10.2	0.5674	15.8	51.4	2.82
铼	Re	3180	21.04	6.6	0.138	71.2	19.3	3.95
铑	Rh	1966	12.41	8.4	0.247	150	4.51	4.57
锂	Li	180.54	0.534	47.0	3.570	84.8	8.55	4.6
钌	Ru	2310	12.41	6.7	0.238	117	7.6	4.2
铝	Al	660.4	2.702	23.2	0.903	247	2.65	4.29
镁	Mg	648.8	1.738	25.2	1.025	156	4.45	3.7
锰	Mn	1244	7.47	22.8	0.477	7.81	144.0	0.17
钼	Mo	2617	10.22	5.0	0.251	138	5.2	4.7
钠	Na	97.82	0.9674	69.6	1.2220	142	4.28	5.5
铌	Nb	2468	8.57	7.1	0.267	53.7	12.5	2.28
镍	Ni	1453	8.902	12.7	0.444	90.9	6.84	6.75
铍	Be	1278	1.8520	12.4	1.886	201	4.02	25.2
铅	Pb	327.502	11.3437	28.9	0.130	35.3	20.648	4.22
铷	Rb	38.89	1.532	88.1	0.360	58.2	12.5	5.3
铈	Ce	798	6.6893	6.3	0.1923	11.3	74.4	0.87
钛	Ti	1675	4.507	8.41	0.523	21.9	42.0	5.5
钽	Ta	2996	16.60	6.55	0.144	54.4	12.45	3.83
锑	Sb	630.74	6.697	11.4	0.207	24.4	39.0	5.4
铁	Fe	1538	7.870	11.76	0.447	80.4	9.7	6.16
铜	Cu	1084.88	8.93	16.8	0.385	401	1.67	4.33
钨	W	3410	19.35	4.6	0.134	173	5.65	4.83
锡	Sn	231.968	7.168	21.2	0.222	66.8	11.4	4.5
锌	Zn	419.53	7.133	29.7	0.385	116	5.916	4.19
铱	Ir	2447	22.65	6.8	0.134	147	5.3	4.33
银	Ag	961.9	10.5020	19.2	0.236	429	1.59	4.10

第10章

金属材料的力学性能

金属材料要发挥作用，大多需要形成结构件，形成结构件后就要受到各种力的作用，这些力有时还是变化的。建筑物大多由钢筋混凝土构成，里面的钢筋（见图10-1a）有的受拉应力，有的受压应力。行驶中的火车的车轴（见图10-1b）受到扭转的力，铁道上钢轨（见图10-1c）要受火车的压应力。

图 10-1　受力金属件

a）钢筋　b）车轴　c）钢轨

金属材料的力学性能是指金属材料在不同环境（温度、湿度、介质）下，承受各种外加载荷（拉伸、压缩、弯曲、扭转、冲击、交变应力等）时所表现出的力学特征，主要包括强度、硬度、塑性和冲击韧度等。

检验金属材料力学性能的试验很多，通过试验测定相关数值后，即可作为设计的依据。

10.1　硬度

硬度是材料在一定条件下抵抗本身不发生残余变形物压入的能力。

机械加工车间里的车、铣、刨、磨、钻等工艺，都是通过金属工具进行的，可见不同金属的硬度是不同的，如图 10-2 所示。

a)　　　　　　　　　　b)　　　　　　　　　　c)

图 10-2　不同金属的硬度

a）铣　b）钻　c）不同金属相互刻划

10.1.1　不同硬度试验方法的适用范围

硬度试验是力学性能试验中最简单易行的一种试验方法，也是应用最广泛的力学性能试验。根据受力方式不同，可分为压入法和刻划法。在压入法中，按照加力速度不同又可分为静态力试验法和动态力试验法。通常所采用的测量布氏硬度、洛氏硬度和维氏硬度等硬度的方法均属于静态力试验法，测量肖氏硬度、里氏硬度等硬度的方法属于动态力试验法。不同硬度试验方法适用范围见表 10-1。

表 10-1　不同硬度试验方法适用范围

硬度测量方法	适　用　范　围
布氏硬度试验	测量晶粒粗大且组织不均的零件，对成品件不宜采用。钢铁件的硬度检验中，现已逐渐采用硬质合金球压头测量退火件、正火件、调质件、铸件和锻件的硬度
洛氏硬度试验	批量、成品件及半成品件的硬度检验。对晶粒粗大且组织不均的零件不宜采用。A 标尺适于测量高硬度淬火件、较小与较薄件的硬度，以及具有中等厚度硬化层零件的表面硬度。B 标尺适于测量硬度较低的退火件、正火件及调质件。C 标尺适于测量经淬火、回火等热处理后零件的硬度，以及具有较厚硬化层零件的表面硬度
表面洛氏硬度试验	测量薄件、小件的硬度，以及具有薄或中等厚度硬化层零件的表面硬度。钢铁件硬度检验中一般用 N 标尺

（续）

硬度测量方法	适 用 范 围
维氏硬度试验	钢铁件硬度检验中，试验力一般不超过 294.2N。主要用于测量小件、薄件的硬度，以及具有浅或中等厚度硬化层零件的表面硬度
小载荷维氏硬度试验	测量小件、薄件的硬度，以及具有浅硬化层零件的表面硬度。测定表面硬化零件的表层硬度梯度或硬化层深度
显微维氏硬度试验	测量微小件、极薄件或显微组织的硬度，以及具有极端或极硬硬化层零件的表面硬度
肖氏硬度试验	主要用于大件的现场硬度检验，如轧辊、机床面、重型构件等
钢的锉刀硬度检验	用于形状复杂零件、大件等的现场硬度检验，以及批量零件的 100% 硬度检验。被检面的硬度应不低于 40HRC
努氏硬度试验	实际检验中，试验力一般不超过 9.807N。主要用于测量微小件、极薄件或显微组织的硬度，以及具有极薄或极硬硬化层零件的表面硬度
里氏硬度试验	大件、组装件、形状较复杂零件等的现场硬度检验
超声硬度试验	大件、组装件、形状较复杂零件、薄件、渗氮件等的现场硬度检验
锤击式布氏硬度试验	正火、退火或调质处理大件及原材料的现场硬度检验

　　金属的硬度虽然没有确切的物理意义，但是它不仅与材料的强度、疲劳强度存在近似的经验关系，还与冷成形性、切削性、焊接性等工艺性能也间接存在某些联系。因此，硬度对于控制材料冷热加工工艺质量有一定的参考意义。硬度还与玻璃、陶瓷等脆性材料的断裂韧度存在一定的经验关系。此外，表面硬度和显微硬度试验反映了金属表面局部范围内的力学性能，因此可以用于材料表面处理检验或微区组织鉴别。

10.1.2　常见硬度相关术语

　　（1）布氏硬度（HBW）　材料抵抗采用硬质合金球压头施加试验力所产生永久压痕变形的度量单位。在较早的相关标准里还有 HBS 的符号（指压头的材料为钢质），现在已经取消。

　　（2）努氏硬度（HK）　材料抵抗采用金刚石菱形锥体压头施加试验力所产生永久压痕变形的度量单位。

　　（3）肖氏硬度（HS）　应用弹性回跳法将撞销（具有尖端的小锥，尖端上常镶有金刚钻）从一定高度落到所测试材料的表面上而发生回跳，用测得的撞销回跳的高度来表示的硬度。

　　（4）洛氏硬度（HR）　材料抵抗采用硬质合金，或对应某一标尺的金刚石圆锥体压头施加试验力所产生永久压痕变形的度量单位。

（5）维氏硬度（HV）　材料抵抗采用金刚石正四棱锥体压头施加试验力所产生永久压痕变形的度量单位。

（6）里氏硬度（HL）　用规定质量的冲击体在弹性力作用下，以一定速度冲击试样表面，冲头在距试样表面1mm处的回弹速度与冲击速度的比值计算的硬度值。

10.1.3　布氏硬度

1. 试验原理

1）用一定直径的硬质合金球施加试验力压入试样表面，保持规定时间后，卸除试验力，测量试样表面压痕的直径，如图10-3所示。布氏硬度值是试验力除以压痕表面积所得的数值。

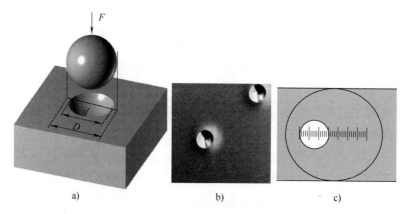

图10-3　布氏硬度试验原理

a）压入试验　b）压痕　c）读数

2）布氏硬度的计算式为

$$布氏硬度 = \frac{0.204F}{\pi D(D - \sqrt{D^2 - d^2})}$$

式中　F——试验力（N）；

　　　D——球直径（mm）；

　　　d——压痕平均直径（mm），$d = (d_1 + d_2)/2$，d_1 和 d_2 为在两个相互垂直方向上测量的压痕直径。

2. 硬度值的表示

布氏硬度用符号 HBW 表示。符号 HBW 前面为硬度值，符号后面的数字依次表示球的直径（单位为 mm）、试验力数值（见表10-2）与规定保持时间

（10~15s 不标注）。

表 10-2　不同条件下的试验力

硬度符号	球直径 D/mm	试验力 F/N
HBW10/3000	10	29420
HBW10/1500	10	14710
HBW10/1000	10	9807
HBW10/500	10	9805
HBW10/250	10	2452
HBW10/100	10	980.7
HBW5/750	5	7355
HBW5/250	5	2452
HBW5/125	5	1226
HBW5/62.5	5	612.9
HBW5/25	5	245.2
HBW2.5/187.5	2.5	1839
HBW2.5/62.5	2.5	612.9
HBW2.5/31.25	2.5	306.5
HBW2.5/15.625	2.5	153.2
HBW2.5/6.25	2.5	61.29
HBW1/30	1	294.2
HBW1/10	1	98.07
HBW1/5	1	49.03
HBW1/2.5	1	24.52
HBW1/1	1	9.807

示例 1：350HBW5/750 表示用直径 5mm 的硬质合金球在 7.355kN 试验力下保持 10~15s 测定的布氏硬度值为 350。

示例 2：600HBW1/30/20 表示用直径 1mm 的硬质合金球在 294.2N 试验力下保持 20s 测定的布氏硬度值为 600。

3. 布氏硬度的特点

布氏硬度试验的优点是硬度的代表性好，由于通常采用直径为 10mm 的球压头和 29420N（3000kgf）的试验力，其压痕面积较大，能反映较大范围内金属各组成相综合影响的平均值，而不受个别组成相及微小不均匀度的影响，因此特别适用于灰铸铁、轴承合金和具有粗大晶粒的金属材料的硬度测定。它的试验数据稳定，重复性好，精度高于洛氏方法，低于维氏方法。此外，布氏硬度值与抗拉强度值之间存在较好的对应关系。

　　布氏硬度试验的缺点是压痕较大，成品检验困难，试验过程复杂，测量操作和压痕测量都比较费时，由于压痕边缘的凸起、凹陷或圆滑过渡都会使压痕直径的测量产生较大误差，因此要求操作者具有熟练的试验技术和丰富的工作经验。常用布氏硬度计如图10-4所示。

10.1.4　洛氏硬度

图10-4　布氏硬度计

1. 洛氏硬度的标尺

　　工业生产中经常见到HRA、HRC、HRF等符号，人们知道这代表了洛氏硬度，但它们有什么区别呢?

　　洛氏硬度的试验方法是用一个顶角为120°的金刚石圆锥体或直径为1.59mm（或3.18mm）的硬质合金球，在一定载荷下压入被测材料表面，由压痕深度求出材料的硬度。

　　洛氏硬度在工业生产中应用最多，根据所测材料的不同，试验时要取相应的标尺，一般有A、B、C、D、E、F、G、H、K、N、T共11种标尺，用它们测出的硬度值用HRA、HRB等表示。另外，对于N标尺和T标尺，又各自细分为三类。洛氏硬度标尺适用范围见表10-3。

表10-3　洛氏硬度标尺适用范围

洛氏硬度标尺	硬度符号	压头类型	初试验力 F_0/N	主试验力 F_1/N	总试验力 F/N	适用范围
A	HRA	金刚石圆锥	98.07	490.3	588.4	20～88HRA
B	HRB	直径1.5875mm球	98.07	882.6	980.7	20～100HRB
C	HRC	金刚石圆锥	98.07	1373	1471	20～70HRC
D	HRD	金刚石圆锥	98.07	882.6	980.7	40～77HRD
E	HRE	直径3.175mm球	98.07	882.6	980.7	70～100HRE
F	HRF	直径1.5875mm球	98.07	490.3	588.4	60～100HRF
G	HRG	直径1.5875mm球	98.07	1373	1471	30～94HRG
H	HRH	直径3.175mm球	98.07	490.3	588.4	80～100HRH
K	HRK	直径3.175mm球	98.07	1373	1471	40～100HRK
15N	HR15N	金刚石圆锥	29.42	117.7	147.1	70～94HR15N

（续）

洛氏硬度标尺	硬度符号	压头类型	初试验力 F_0/N	主试验力 F_1/N	总试验力 F/N	适 用 范 围
30N	HR30N	金刚石圆锥	29.42	264.8	294.2	42 ~ 86HR30N
45N	HR45N	金刚石圆锥	29.42	411.9	441.3	20 ~ 77HR45N
15T	HR15T	直径 1.5875mm 球	29.42	117.7	147.1	67 ~ 93HR15T
30T	HR30T	直径 1.5875mm 球	29.42	264.8	294.2	29 ~ 82HR30T
45T	HR45T	直径 1.5875mm 球	29.42	411.9	441.3	10 ~ 72HR45T

2. 洛氏硬度试验原理

1）将压头（金刚石圆锥或硬质合金球）按图 10-5 分两个步骤压入试样表面，保持规定时间后，卸除主试验力 F_1，测量在初始试验力 F_0 下的残余压痕深度 h。试验过程如图 10-6 所示。

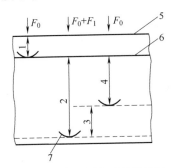

图 10-5　洛氏硬度试验原理图

1—在初始试验力 F_0 下的压入深度　2—由主试验力 F_1 引起的压入深度　3—卸除主试验力 F_1 后弹性回复深度
4—残余压入深度 h　5—试样表面　6—测量基准面　7—压头位置

2）洛氏硬度计算式为

$$洛氏硬度 = N - \frac{h}{S}$$

式中　N——给定标尺的硬度数，对于 A、C、D、N 和 T 标尺，N 取 100，对于 B、E、F、G、H 和 K 标尺，N 取 130；

　　　h——残余压痕深度（mm）；

　　　S——给定标尺的单位（mm），对于 A、B、C、D、E、F、G、H 和 K 标尺，S 取 0.002mm，对于 N 和 T 标尺，S 取 0.001mm。

3. 硬度值的表示

1）A、C 和 D 标尺洛氏硬度依次用硬度值、符号 HR、使用的标尺字母表示。

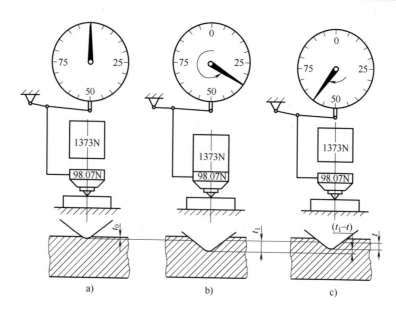

图 10-6　洛氏硬度试验过程

a）加初始试验力　b）加主试验力　c）卸除主试验力

示例：56HRC 表示用 C 标尺测得的洛氏硬度值为 56。

2）B、E、F、G、H 和 K 标尺洛氏硬度依次用硬度值、符号 HR、使用的标尺和球压头代号（硬质合金球为 W）表示。

示例：62HRBW 表示用硬质合金球压头在 B 标尺上测得的洛氏硬度值为 62。

3）N 标尺表面洛氏硬度依次用硬度值、符号 HR、试验力数值（总试验力）和使用的标尺表示。

示例：60HR30N 表示用总试验力为 294.2N 的 30N 标尺测得的表面洛氏硬度值为 60。

4）T 标尺表面洛氏硬度用硬度值、符号 HR、试验力数值（总试验力）、使用的标尺和压头代号表示。

示例：35HR30TW 表示用硬质合金球压头，总试验力为 294.2N 的 30T 标尺测得的表面洛氏硬度值为 35。

4. 洛氏硬度试验的特点

洛氏硬度计分为手动洛氏硬度计、电动洛氏硬度计、数显洛氏硬度计、表面类洛氏硬度计、光学类洛氏硬度计和加高型洛氏硬度计。手动洛氏硬度计试验操作简单，测量迅速，可在指示表上直接读取硬度值，工作效率高，是最常用的硬度计。由于试验力较小，压痕也小，特别是表面洛氏硬度试验的压痕更小，对大多数工件的使用无影响，可直接测试成品工件。初始试验力的采用，使得试样表面粗糙度对硬度值的影响较小。该试验方法非常适合在工厂使用，适用于对成批加工的成品或半成品工件进行逐件检测，对测量操作的要求不高，非专业人员容易掌握。常用洛氏硬度计如图 10-7 所示。

图 10-7　常用洛氏硬度计

10.1.5　维氏硬度

维氏硬度试验方法是英国史密斯和塞德兰德于 1925 年提出的。英国的维克斯公司试制了第一台用此方法进行试验的硬度计。和布氏、洛氏硬度试验相比，维氏硬度试验测量范围较宽，从较软材料到超硬材料，几乎涵盖了各种工程材料。

1. 试验原理

1）将顶部两相对面具有规定角度（136°）的正四棱锥体金刚石压头以选定的试验力 F 压入试样表面，保持规定时间后，卸除试验力，测量试样表面压痕对角线长度，如图 10-8 所示。维氏硬度值是试验力除以压痕表面积所得的值，压痕被视为具有正方形基面并与压头角度相同的理想形状。

2）维氏硬度的计算式为

$$维氏硬度 = \frac{0.1891F}{d^2}$$

式中　F——试验力（N）；

d——压痕平均直径（mm），$d = (d_1 + d_2)/2$，d_1 和 d_2 为测量的两对角线长度（见图 10-8）。

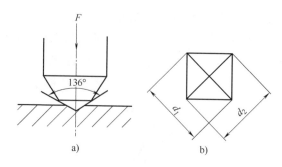

图 10-8　维氏硬度试验原理

a）压头（金刚石锥体）　b）维氏硬度压痕

2. 硬度值的表示

维氏硬度用 HV 表示，符号之前为硬度值，符号之后依次为选择的试验力值（见表 10-4）、试验力保持时间（10～15s 不标注）。

示例 1：640HV30 表示在试验力为 294.2N 下保持 10～15s 测定的维氏硬度值为 640。

示例 2：640HV30/20 表示在试验力为 294.2N 下保持 20s 测定的维氏硬度值为 640。

表 10-4　试验力的选择

维氏硬度试验		小负荷维氏硬度试验		显微维氏硬度试验	
硬度符号	试验力/N	硬度符号	试验力/N	硬度符号	试验力/N
HV5	49.03	HV0.2	1.961	HV0.01	0.09807
HV10	98.07	HV0.3	2.942	HV0.015	0.1471
HV20	196.1	HV0.5	4.903	HV0.02	0.1961
HV30	294.2	HV1	9.807	HV0.025	0.2452
HV50	490.3	HV2	19.61	HV0.05	0.4903
HV100	980.7	HV3	29.42	HV0.1	0.9807

3. 维氏硬度试验的特点

维氏硬度计有普通维氏硬度计、小负荷维氏硬度计和显微维氏硬度计。普通维氏硬度计一般指负荷在 98.07～490.3N（10～50kgf）的维氏硬度试验机，小负荷维氏硬度计一般指最大负荷为 49.03N（5kgf）的维氏硬度试验机，显微维氏硬度计一般指最大负荷为 9.807N（1kgf）的维氏硬度试验机。

维氏硬度试验测量范围广，几乎可以测量目前工业上所用到的全部金属材料，从很软的材料（几个维氏硬度单位）到超硬的材料（3000 个维氏硬度单位）都可测量。维氏硬度试验主要用于材料研究和科学试验方面，小负荷维氏硬度试验主要用于测定小型精密零件的硬度、表面硬化层硬度和有效硬化层深度、镀层的表面硬度、薄片材料和细线材的硬度、刀刃附近的硬度、牙科材料的硬度等。由于试验力很小，压痕也很小，试样外观和使用性能都可以不受影响。显微维氏硬度试验主要用于金属学和金相学研究，用于测定金属组织中各组成相的硬度、研究难熔化合物脆性等，显微维氏硬度试验还用于极小或极薄零件的测试，零件厚度最薄可至 $3\mu m$。

维氏硬度试验最大的优点是硬度值与试验力的大小无关，只要是硬度均匀的材料，可以任意选择试验力，其硬度值不变。这就相当于在一个很宽广的硬度范围内具有一个统一的标尺。维氏硬度试验是常用硬度试验方法中精度最高的，同时它的重复性也非常好。常用维氏硬度计如图 10-9 所示。

图 10-9　常用维氏硬度计

10.1.6　努氏硬度

1. 试验原理

1）将顶部两相对面具有规定角度的菱形棱锥体金刚石压头以试验力 F 压入试样表面，保持规定时间后卸除试验力，测量试样表面压痕长对角线的长度，如图 10-10 和图 10-11 所示。努氏硬度与试验力除以压痕投影面积所得的商成正比，压痕被视为具有与压头顶部角度相同的理想菱形基面棱锥体形状。

2）努氏硬度的计算式为

$$努氏硬度 = \frac{1.451F}{d^2}$$

式中　F——试验力（N）；

　　　d——压痕长对角线长度（mm）。

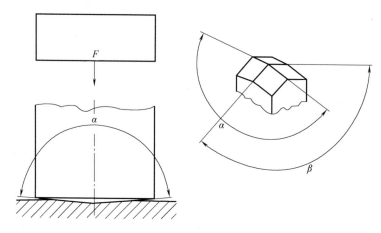

图 10-10　努氏硬度压头

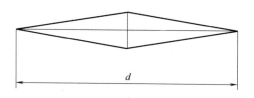

图 10-11　努氏硬度压痕

2. 硬度值的表示

努氏硬度用 HK 表示，符号之前为硬度值，符号之后依次为表示试验力的值、试验力保持时间（10～15s 不标注）。试验力的选择见表 10-5。

表 10-5　试验力的选择

硬度符号	试验力 F/N	硬度符号	试验力 F/N
HK0. 01	0. 09807	HK0. 2	1. 961
HK0. 02	0. 1961	HK0. 3	2. 942
HK0. 025	0. 2452		
HK0. 05	0. 4903	HK0. 5	4. 903
HK0. 1	0. 9807	HK1	9. 807

示例 1：640HK0.1 表示在试验力为 0.9807N 下保持 10～15s 测定的努氏硬度值为 640。

示例 2：640HK0.1/20 表示在试验力为 0.9807N 下保持 20s 测定的努氏硬

度值为 640。

3. 努氏硬度试验的特点

努氏硬度试验没有专门的硬度计，通常用显微维氏硬度计测量，只要更换压头并改变硬度值的算法即可。

10. 1. 7　里氏硬度

里氏硬度测试技术是由瑞士狄尔马·里伯博士发明的。

1. 试验原理

用规定质量的冲击体在弹力作用下以一定速度冲击试样表面，用冲头在距试样表面 1mm 处的回弹速度与冲击速度的比值计算硬度值。计算公式为

$$里氏硬度 = 1000 \frac{v_R}{v_A}$$

式中　v_R——冲击体回弹速度（mm/s）；

　　　v_A——冲击体冲击速度（mm/s）。

2. 硬度值的表示

里氏硬度用 HL 表示，符号前为硬度值，符号后面为冲击装置类型（包括 D、DC、G、C 型）。

示例：700HLD 表示用 D 型冲击装置测定的里氏硬度值为 700。

对于用里氏硬度换算的其他硬度，应在里氏硬度符号之前附以相应的硬度符号。

示例：400HVHLD 表示用 D 型冲击装置测定的里氏硬度值换算的维氏硬度值为 400。

3. 里氏硬度试验的特点

里氏硬度计是一种新型的硬度测试仪器，具有测试精度高、体积小、操作简单、携带方便，测量范围广的特点。它可将测得的硬度值自动转换成布氏、洛氏、维氏、肖氏等硬度值并打印记录，还可配置适合各种测试场合的配件，满足各种测试环境和条件。

便携式里氏硬度计广泛应用于已安装的机械或永久性组装部件、轴承及其他零件、压力容器、重型工件、试验空间很狭小的工件、大型工件大范围内多处测量部位的快速测定。常用里氏硬度计如图 10-12 所示。

图 10-12　常用里氏硬度计

10.1.8 肖氏硬度

肖氏硬度由英国人肖尔首先提出。

1. 试验原理

将规定形状的金刚石冲头从固定的高度 h_0 落在试样表面上，冲头弹起一定高度 h，其肖氏硬度值计算式为

$$肖氏硬度 = K\frac{h}{h_0}$$

式中　h_0——固定的高度（mm）；

　　　h——冲头弹起的高度（mm）；

　　　K——肖氏硬度系数，对于目测型（C 型）肖氏硬度计，K 取 $10^3/65$，
　　　　　对于指示型（D 型）肖氏硬度计，K 取 140。

2. 硬度值的表示

肖氏硬度符号为 HS，HS 后面的符号表示硬度计类型。

示例 1：28HSC 表示用 C 型（目测型）肖氏硬度计测定的肖氏硬度值为 28。

示例 2：50HSD 表示用 D 型（指示型）肖氏硬度计测定的肖氏硬度值为 50。

3. 肖氏硬度试验的特点

肖氏硬度计适用于测定黑色金属和有色金属的硬度值。肖氏硬度计便于携带，特别适用于冶金、重型机械行业的中大型工件，如大型构件、铸件、锻件、曲轴、轧辊、特大型齿轮、机床导轨等工件硬度的测定。在橡胶、塑料行业中常称作邵氏硬度。与其他硬度计相比，准确度稍差，受测试时的垂直性、试样表面粗糙度等因素的影响，数据分散性较大，其测试结果的比较只限于弹性模量相同的材料。它对试样的厚度和质量都有一定要求，不适于较薄和较小试样，但是它是一种轻便的手提式仪器，便于现场测试，其结构简单，便于操作，测试效率高。常用肖氏硬度计如图 10-13 所示。

图 10-13　常用肖氏硬度计

10.1.9　各种硬度间的换算关系

各种硬度间的换算关系见表 10-6。

表 10-6　各种硬度间的换算关系

洛氏硬度 HRC	肖氏硬度 HS	维氏硬度 HV	布氏硬度 HBW	洛氏硬度 HRC	肖氏硬度 HS	维氏硬度 HV	布氏硬度 HBW	洛氏硬度 HRC	肖氏硬度 HS	维氏硬度 HV	布氏硬度 HBW
70	—	1037	—	52	69.1	543	—	34	46.6	320	314
69	—	997	—	51	67.7	525	501	33	45.6	312	306
68	96.6	959	—	50	66.3	509	488	32	44.5	304	298
67	94.6	923	—	49	65	493	474	31	43.5	296	291
66	92.6	889	—	48	63.7	478	461	30	42.5	289	283
65	90.5	856	—	47	62.3	463	449	29	41.6	281	276
64	88.4	825	—	46	61	449	436	28	40.6	274	269
63	86.5	795	—	45	59.7	436	424	27	39.7	268	263
62	84.8	766	—	44	58.4	423	413	26	38.8	261	257
61	83.1	739	—	43	57.1	411	401	25	37.9	255	251
60	81.4	713	—	42	55.9	399	391	24	37	249	245
59	79.7	688	—	41	54.7	388	380	23	36.3	243	240
58	78.1	664	—	40	53.5	377	370	22	35.5	237	234
57	76.5	642	—	39	52.3	367	360	21	34.7	231	229
56	74.9	620	—	38	51.1	357	350	20	34	226	225
55	73.5	599	—	37	50	347	341	19	33.2	221	220
54	71.9	579	—	36	48.8	338	332	18	32.6	216	216
53	70.5	561	—	35	47.8	329	323	17	31.9	211	211

10.1.10　钢铁材料硬度与强度的换算关系

为了能用硬度试验代替某些力学性能试验，生产中需要一个比较准确的硬度和强度的换算关系。布氏硬度 H_b（HBW）与抗拉强度 R_m（N/mm^2）的换算关系近似如下：

1）低碳钢：$R_m \approx 3.53 H_b$。

2）高碳钢：$R_m \approx 3.33 H_b$。

3）合金钢：$R_m \approx 3.19 H_b$。

4）灰铸铁：$R_m \approx 0.98 H_b$。

10.1.11　有色金属材料硬度与强度的换算关系

有色金属材料布氏硬度 H_b（HBW）与抗拉强度 R_m（N/mm^2）的关系可按关系式 $R_m = K H_b$ 计算，其中强度-硬度系数 K 值按表 10-7 取值。

表 10-7　有色金属材料强度-硬度系数 K 值

材　料	K 值	材　料	K 值
铝	2.7	铝黄铜	4.8
铅	2.9	铸铝 ZL103	2.12
锡	2.9	铸铝 ZL101	2.66
铜	5.5	硬铝	3.6
单相黄铜	3.5	锌合金铸件	0.9
H62	4.3~4.6		

10.2　拉伸性能

大家知道，在工程实践当中，对各种构件和机械零件的拉伸性能都有一定的要求。例如：汽车、拖拉机的气缸，是有较高强度的铸铁件；火车车轴需要用优质碳素钢 40 制作。为了保证这些构件能够正常工作，就需要通过材料的拉伸试验来测定。其拉伸性能是人们解决强度问题和选择材料的依据。

材料在外力的作用下发生形状和尺寸变化，称为变形，外力去除后能够回复的变形称为弹性变形，外力去除后不能回复的变形称为塑性变形。

材料的种类很多，常用材料可分为塑性材料和脆性材料两大类。在试验时，通常用低碳钢代表塑性材料，用灰铸铁代表脆性材料。

任何工程材料受力后都将产生变形。这个过程大体上可以分为弹性变形、塑性变形和断裂三个基本阶段。

1）弹性是指固体材料在外力作用下改变其形状与大小，但当力撤去后即回复原来状态的性质，如图 10-14 所示。

2）塑性是指固体材料受到超过特定值的外力作用时，其形状与大小会发生永久性变化的特性，如图 10-15 所示。

3）断裂是指固体材料受外力作用变形的最终结果，也就是固体材料受力变形产生裂纹，裂纹扩展到一定的临界值后即产生断裂。

拉伸试验是一种较简单的力学性能试验，它能够清楚地反映出材料受力后所发生的弹性、塑性和断裂三个变形阶段的基本特性。拉伸试验对力学性能指标的测量不仅稳定可靠，而且计算方便。因此，各个国家和国际组织都制定了完善的拉伸试验方法标准，将拉伸试验列为力学性能试验中最基本、最重要的试验项目。

由拉伸试验得出的力学性能指标包括规定非比例延伸强度、屈服强度、抗拉强度等强度指标，断后伸长率、断面收缩率等塑性指标，弹性模量、泊松比等力学常数以及表征材料形变硬化规律的参数等。

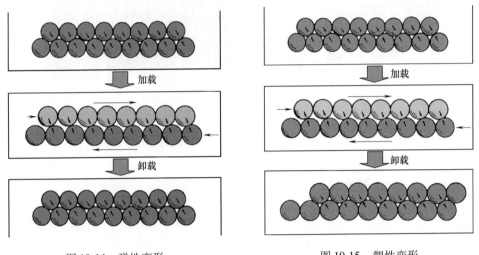

图 10-14　弹性变形　　　　　　　图 10-15　塑性变形

10.2.1　拉伸试验

拉伸试验在拉伸试验机上进行。试验机有机械式、液压式、电液或电子伺服式等形式。试样可以是全截面的材料，也可以加工成圆形或矩形的标准试样。钢筋、线材等一些实物样品一般不需要加工，保持其全截面进行试验即可。试样制备时应避免材料组织受冷、热加工的影响，并应保证一定的表面粗糙度。常用拉伸试样如图 10-16 所示，拉伸试验机如图 10-17 所示，拉伸试验过程如图 10-18 所示。

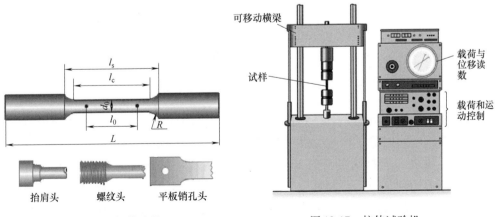

图 10-16　拉伸试样　　　　　　　　图 10-17　拉伸试验机

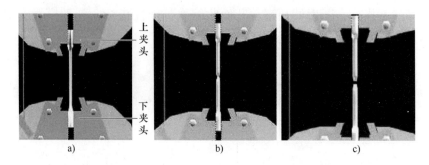

图 10-18　拉伸试验过程

a）装夹试样　b）试样变形　c）试样拉断

10.2.2　应力-应变曲线

试验时，试验机以规定的速率均匀地拉伸试样，试验机可自动绘制出拉伸力与应力相对应的伸长量的关系曲线，拉力-伸长量曲线，如图 10-19 所示。将拉伸力-伸长曲线的纵、横坐标分别除以拉伸试样的原始截面积和原始标距，则可得到拉伸应力-应变曲线。应力-应变曲线与拉伸性能指标如图 10-20 所示。

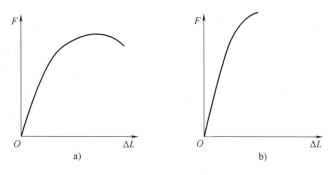

图 10-19　拉力-伸长量曲线

a）塑性材料　b）脆性材料

10.2.3　材料的屈服

当材料所受到的力达到一定值（超过弹性极限）时，力不再增加而形变却依然在继续，此时除了产生弹性变形外，还产生部分塑性变形。也就是说，此时外力不再增加但材料的破坏却还在继续，材料已经失去了对变形的抵抗能力。当应力达到某值后，塑性应变急剧增加，应力出现微小波动，这种现象称为屈服。这一阶段的最大、最小应力分别称为上屈服强度和下屈服强度。将此时材料所受到的应力作为该种材料的屈服极限，或叫作屈服强度。

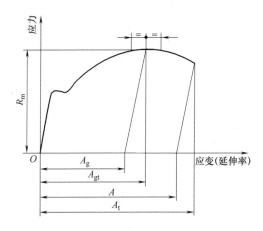

图 10-20　应力-应变曲线与拉伸性能指标

R_m—抗拉强度　A_g—最大力塑性延伸率　A_{gt}—最大力下的总延伸率　A—断后伸长率　A_t—断裂总延伸率

在使用材料时，一般要保证材料受到的应力小于该材料的屈服极限，这样才能安全。而同种材料的不同个体其屈服极限是离散性分布的，因此在实际中使用材料时，还要增加一个安全系数，用材料的屈服极限值除以材料的安全系数，得到一个许用强度值，所计算出的材料受到的应力要小于许用强度值才是最安全稳妥的。一般对于塑性材料安全系数可以选用 1.2 ~ 1.5，而脆性材料的安全系数可选用 2 ~ 2.5 甚至是 3 或 4，这主要还需根据材料的使用场合来确定。例如，高温、高压、腐蚀性环境，特别是一旦材料失效会造成重大安全事故和人身伤害的场合，安全系数应选大一些。

有些钢材（如高碳钢）无明显的屈服现象，通常以发生微量的塑性变形（0.2%）时的应力作为该钢材的屈服强度，称为条件屈服强度。

上屈服强度（R_{eH}）是指试样发生屈服而力首次下降前的最高应力。下屈服强度（R_{eL}）是指在屈服期间不计初始瞬时效应时的最低应力，如图 10-21 所示。

在金属屈服过后紧接着就是金属的断裂了，拉伸断裂之后的标准试棒如图 10-22 所示，拉伸断裂之后断面特征如图 10-23 所示。

10.2.4　抗拉强度

当钢材屈服到一定程度后，由于内部晶粒重新排列，其抵抗变形的能力又重新提高，此时变形虽然发展很快，但却只能随着应力的提高而增大，直至应力达到最大值。此后，钢材抵抗变形的能力明显降低，并在最薄弱处发生较大的塑性变形，此处试件截面迅速缩小，出现缩颈现象，直至断裂破坏。钢材受拉断裂前的最大应力值称为强度极限或抗拉强度，用符号 R_m 表示，单位为

N/mm² 或 MPa。

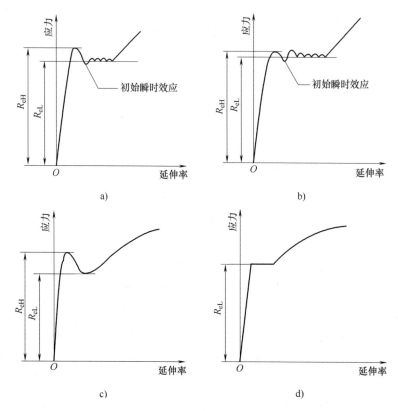

图 10-21　不同类型曲线的上屈服强度和下屈服强度（R_{eH} 和 R_{eL}）

a）Ⅰ类　b）Ⅱ类　c）Ⅲ类　d）Ⅳ类

图 10-22　拉伸断裂之后的标准试棒

图 10-23　拉伸断裂之后断面特征

10.2.5 屈强比

屈强比中的屈是指屈服强度（指材料发生塑性变形时的应力），强是指抗拉强度（指材料发生断裂时的应力）。这两个应力差值越大，其屈强比值越小，塑性越好，刚度越差；相反，若两个应力差值越小，其屈强比值越大，塑性越差，刚度越好。

从上面的解释可以推出屈强比的值在 0 ~ 1 之间。理论上认为：①当屈强比等于1时，材料不具备塑性（材料此时不能发生变形，一变形便断裂），属于纯刚性材料；②当屈强比等于0时，材料不具备刚性，属于纯塑性材料，材料永远不会发生断裂。一般碳素钢屈强比为 0.6 ~ 0.65，低合金结构钢为 0.65 ~ 0.75，合金结构钢为 0.84 ~ 0.86。

10.2.6 规定塑性延伸强度

规定塑性延伸强度 R_p（见图10-24）是试样标距部分的塑性延长达到规定的原始标距百分比时的应力。使用的符号应附以下脚注说明所规定的百分率，如 $R_{p0.2}$ 表示规定塑性延伸率为 0.2% 时的应力。

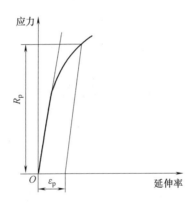

图 10-24 规定塑性延伸强度（R_p）

10.2.7 断后伸长率

断后伸长率 A 是指断后标距的残余伸长量 $L_u - L_0$ 与原始标距 L_0 之比的百分比，对于比例试样，若原始标距不为 $5.65\sqrt{S_0}$（S_0 为平行长度的原始横截面积），符号 A 应附以下脚注说明所使用的比例系数，例如 $A_{11.3}$ 表示原始标距 L_0 为 $11.3\sqrt{S_0}$ 的断后伸长率；对于非比例试样，符号 A 应附以下脚注说明所使用的原始标距，单位为 mm，例如：A_{80mm} 表示原始标距 L_0 为 80mm 的断后伸长率。

10.2.8 泊松比

泊松比 μ 是指在均匀分布的轴向应力作用下横向应变与轴向应变之比的绝对值，它是反映材料横向变形的弹性常数。如一杆受拉伸时，其轴向伸长伴随着横向收缩（反之亦然），此横向应变与轴向应变之比称为泊松比。材料的泊松比一般通过试验方法测定。

10.2.9 拉伸弹性模量

拉伸弹性模量 E_t 是指弹性变形范围内，轴向拉应力与轴向应变成线性比例关系范围内的两者的比值。弹性模量测定仪如图 10-25 所示。拉伸弹性模量的测量过程如图 10-26 所示。

图 10-25 弹性模量测定仪

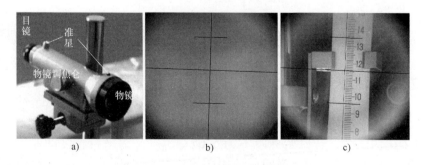

图 10-26 拉伸弹性模量的测量过程

a) 望远镜镜筒和光杠杆镜面等高 b) 望远镜上侧目测平面镜中直尺 c) 调节望远镜观察叉丝及标尺度

10.2.10 拉伸试样的宏观断口形态

拉伸试样被拉断后的自然表面称为拉伸断口。由于材料中裂纹总是沿着阻力最小的路径扩展，所以断口一般是材料中性能最弱或应力最大部位。断口的形貌、轮廓线和表面的粗糙程度等特征，真实地记录了断裂的整个过程。因此，分析断口可查明断裂发生的原因，为分析断裂过程提供依据，并且可据此分析断裂性质及断裂机制，为改进设计、改善加工工艺、合理选材和用材等指明方向，以防止类似事故再次发生。

宏观断口是指用肉眼、放大镜或低倍显微镜所观察到的断口形貌。宏观断口分析是一种非常简便而又实用的分析方法。在断裂事故分析中总是首先进行宏观断口分析。从宏观断口分析中，大体上可以判断出断裂的类型（韧性断裂、脆性断裂、疲劳断裂），同时也可以大体上找出裂纹源位置和裂纹扩展途径，并粗略地找出破坏原因。

光滑圆柱拉伸试样宏观韧塑断口呈杯锥形，由纤维区、放射区和剪切唇三个区域（断口特征三要素）组成，如图 10-27 所示。杯锥状断口的形成如图 10-28 所示。

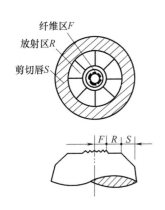

图 10-27　拉伸断口的三个区域

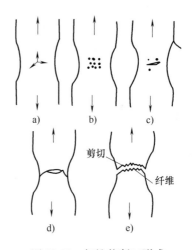

图 10-28　杯锥状断口形成
a）缩颈导致三向应力　b）显微孔洞形成　c）孔洞长大
d）孔洞连接形成锯齿状　e）边缘剪切断裂

（1）纤维区　对光滑圆柱试样来说，纤维区位于断口中央，呈粗糙的纤维状圆柱形花样。当拉伸载荷达到拉伸曲线最高点时，便在试样局部地区产生缩颈。同时，试样应力状态也由单向变为三向，且中心应力最大。在外加载荷作用下，微孔不断长大和聚合就形成了微裂纹。早期形成的显微裂纹，其端部产生较大塑性变形，且集中于极窄的高形变带内。这些剪切变形带大致与横向成 45°角，说明纤维区的形成实质上是切应力作用下，塑性变形过程中微裂纹不断扩展和相互连接造成的。新的微孔就在变形带内成核、长大并聚集，当与裂纹连接时，裂纹便向前扩展一段距离。这一过程重复进行就形成锯齿形的纤维区。纤维区所在平面垂直于拉伸应力方向。裂纹在纤维区扩展是很慢的，当裂纹达到临界尺寸后，便快速扩展而形成放射区。

（2）放射区　紧接纤维区的是放射区，有放射花样特征，纤维区与放射区交界线标志着裂纹由缓慢向快速扩展的转化。放射线平行于裂纹扩展方向，而且垂直于裂纹前端轮廓线，并逆指向裂纹起始点。放射花样也是由材料的剪切变形所造成的，不过它与纤维区的剪切断裂不同，是在裂纹达到临界尺寸后作快速低能量撕裂的结果。这时材料的宏观塑性变形量很小，表现为脆性断裂。但在微观局部区域，仍有很大的塑性变形。所以放射花样是剪切型低能量撕裂的一种标志。

（3）剪切唇　它在撕裂过程的最后阶段形成，其表面平滑，与拉应力方向成 45°角，通常称为拉边。在剪切唇区域内，裂纹也是作快速扩展，此时裂纹是在平面应力状态下失稳扩展，材料的塑性变形量很大，属于韧性断裂区。

10.2.11　拉伸性能符号新旧对照

拉伸性能符号新旧对照见表 10-8。

表 10-8　拉伸性能符号新旧对照

符 号		名 称
新 标 准	旧 标 准	
—	$\sigma_{0.2}$	条件屈服强度，也称名义屈服强度
	σ_{s}	屈服强度
R_{eH}	σ_{sU}	上屈服强度
R_{eL}	σ_{sL}	下屈服强度
R_{t}	σ_{t}	规定总延伸强度
R_{p}	σ_{p}	规定非比例延伸强度、规定塑性延伸强度
R_{m}	σ_{b}	抗拉强度
A	—	断后伸长率
A_{g}	—	最大力塑性延伸率
A_{e}	δ_{s}	屈服点处的延伸率
Z	ψ	断面收缩率

10.3　冲击性能

　　材料抵抗冲击载荷的能力叫作材料的冲击性能。冲击载荷是指以较高的速度施加到零件上的载荷,当零件承受冲击载荷时,瞬间冲击所引起的应力和变形比承受静载荷时要大得多,因此在制造这类零件时,就必须考虑到材料的冲击性能。众所周知的泰坦尼克号(见图10-29)的沉没就与船体材料的冲击性能有直接关系。

图 10-29　泰坦尼克号

　　泰坦尼克号所用钢板如果做冲击试验,估计结果会如图10-30a所示,现代船用钢板的冲击试验结果如图10-30b所示。

a)　　　　　　　　　　　　　　　b)

图 10-30　不同钢板的冲击试验结果
a)　冲击韧度小　b)　冲击韧度大

　　冲击试验是根据能量守恒原理,将具有一定形状和尺寸的带有 V 型或 U 型缺口的试样,在冲击载荷作用下冲断,以测定其冲击吸收能量的一种试验方法。冲击试验是试样在冲击试验力的作用下的一种动态力学性能试验。冲击试验对材料的缺陷很敏感，它能灵敏地反映出材料的宏观缺陷、显微组织的微小变化和材料品质，因此冲击试验是生产上用来检验冶炼、热加工、热处理工艺质量的有效方法。

10.3.1　冲击试样

夏比冲击试验是用规定高度的摆锤对处于简支梁状态的缺口试样进行一次性冲击，并测量试样折断时的吸收能量 KU 或 KV 的试验。夏比冲击试样有 U 型缺口试样和 V 型缺口试样两种。V 型缺口由于应力集中较大，应力分布对缺口附近体积塑性变形的限制较大，因而使塑性变形更难进行。V 型缺口参与塑性变形的体积较小，冲击时消耗的冲击功较小，冲击韧度值较低，且脆性转变温度较高、范围较窄，对温脆性转变反应更灵敏，断口也较清晰，更容易反映金属阻止裂纹扩展的抗力。

夏比 U 型缺口试样和夏比 V 型缺口试样的形状和尺寸如图 10-31 所示。

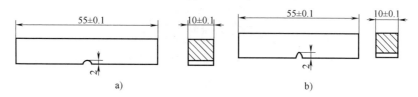

图 10-31　试样

a）U 型缺口试样　b）V 型缺口试样

10.3.2　冲击吸收能量

冲击吸收能量 K 是通过一次摆锤冲击试验获得的。图 10-32 所示为冲击试验机和一次摆锤冲击试验过程。

试验时，先将标准冲击试样放置在摆锤冲击试验机的支座上，把具有重力为 G（单位为 N）的摆锤提高到距试样高度为 h（单位为 m）的位置，摆锤势能为 Gh，然后使其下落，将试样冲断，冲断试件后摆锤又上升到距原试件高度为 h' 处，此时摆锤剩余势能为 Gh'，那么冲断试样所消耗

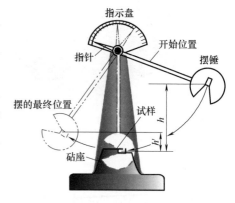

图 10-32　冲击试验机和一次摆锤冲击试验过程

掉的能量为 $Gh - Gh'$，称为冲击吸收能量 K（单位为 J）。即

$$K = G(h - h')$$

冲击吸收能量 K 值越高，表示材料的冲击韧性越好。一般把冲击吸收能量 K 值高的材料称作韧性材料，K 值低的材料称为脆性材料。

吸收能量 K 是由指针或其他指示装置示出的能量值。用字母 V 和 U 表示标准冲击试样缺口几何形状，用下标数字 2 或 8 表示摆锤刀刃半径，如 KV_2。

对于冲头、空气锤锤杆等承受冲击的零件，应具有一定的韧性才能满足其使用性能要求。但也不能要求过高，因为冲击吸收能量 K 升高时，往往其硬度值和强度值会降低，耐磨性能和承载性能会下降，零件的使用寿命也会缩短。

由于冲击吸收能量的大小与很多因素有关，很难准确地反映材料的脆性和韧性，所以冲击吸收能量一般仅作为选用材料时的参考，而不直接用于强度计算。但冲击吸收能量对材料的内部组织和缺陷非常敏感，如晶粒粗化、冷脆、回火脆性及夹渣、气泡、偏析等微小缺陷都可以通过冲击吸收能量 K 值表现出来，因此生产中常用冲击试验来检验冶炼、热处理及各种热加工工艺和产品的质量。

10.3.3　冲击性能符号新旧对照

冲击性能符号新旧对照见表 10-9。

表 10-9　冲击性能符号新旧对照

符　号		名　称
新 标 准	旧 标 准	
KU_2	A_{KU}	U 型缺口试样在 2mm 摆锤刀刃下冲击的吸收能量（单位为 J）
KU_8	A_{KU}	U 型缺口试样在 8mm 摆锤刀刃下冲击的吸收能量（单位为 J）
KV_2	A_{KV}	V 型缺口试样在 2mm 摆锤刀刃下冲击的吸收能量（单位为 J）
KV_8	A_{KV}	V 型缺口试样在 8mm 摆锤刀刃下冲击的吸收能量（单位为 J）
—	a_K	冲击韧度（单位为 J/cm^2）

10.4　扭转性能

材料抵抗扭矩作用的性能称为扭转性能。扭转试验是测试材料在切应力作用下的力学性能的试验技术，可以测定脆性材料和塑性材料的强度和塑性，对于制造承受扭矩的零件，如轴、弹簧等所用材料常需进行扭转试验。扭转试验在扭转试验机上进行。试验时在圆柱形试样的标距两端施加扭矩，测量扭矩及

其相应的扭角，一般扭至断裂，便可测出金属材料的各项扭转性能指标，这对于承受剪切扭转的机械零件具有重要的实际意义。扭转试验机如图 10-33 所示，扭转试样如图 10-34 所示。

图 10-33　扭转试验机

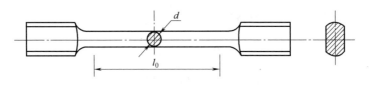

图 10-34　扭转试样

　　进行扭转试验时，在试样两端缓慢地施加扭转力矩，从试验开始直至破断，试样工作长度上塑性变形都是均匀的。横截面上经受切应力，当最大切应力大于材料的剪切强度时，材料呈切断，断面垂直于试样轴线。当最大正应力大于材料的抗拉强度时，材料呈正断，断面和试样轴线成45°角。因此，扭转试验可明显地区分材料是正断还是切断。在扭转试验过程中，试样横截面沿直径方向的切应力和切应变是不均匀的，如图 10-35 所示，试样表面所受的切应力和切应变最大。扭转的断裂源首先产生于试样表面，故扭转试验可灵敏地显示金属的表面缺陷。

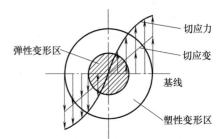

图 10-35　扭转试样断面应力和应变分布

　　试样的扭转断裂类型、外观形貌及断口特征典型分类见表 10-10。

表 10-10 试样的扭转断裂类型、外观形貌及断口特征典型分类

断裂类型	类型编号	外观形貌	断口特征描述	断裂面
正常扭转断裂	1	a	断裂面平滑且垂直于线材轴线（或稍微倾斜）；断裂面上无裂纹	或
		c	脆性断裂面与线材轴线约成45°角；断裂面上无裂纹	
局部裂纹断裂（表面有局部裂纹）	2	a	断裂面平滑且垂直于线材轴线（或稍微倾斜），并有局部裂纹	或
		b	阶梯式，部分断裂面平滑，并有局部裂纹	
		c	不规则断裂面，断裂面上无裂纹	
螺旋裂纹断裂（试样全长或大部分长度上有螺旋状裂纹）	3	a	断裂面平滑且垂直于线材轴线（或稍微倾斜）；断裂面上有局部或贯穿整个截面的裂纹	或
		b	阶梯式，部分断裂面平滑；有局部或贯穿整个截面的裂纹	
		c	脆性断裂面与线材轴线约成45°角，并有局部或贯穿整个截面的裂纹	
			不规则断裂面，并有局部或贯穿整个截面的裂纹	

10.5 压缩性能

压缩性能是指材料在压应力作用下抵抗变形的能力。

压缩试验是在万能试验机或压力试验机上进行，对试样施加轴向压力，在其变形和断裂过程中测定材料的强度和塑性。实际上，压缩与拉伸仅仅是受力方向相反，因此金属拉伸试验时所定义的力学性能指标和相应的计算公式，在压缩试验中基本都能适用。但两者之间也存在差别，与拉伸试验相比，压缩试验有如下特点：

1）塑性较好的金属材料（如退火钢、黄铜等）只能被压扁，一般不会被破坏，其压缩曲线如图 10-36 所示。

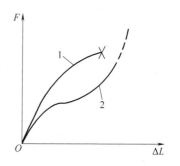

图 10-36 金属压缩曲线

1—脆性材料 2—塑性材料

2）脆性材料压缩破坏的形式有剪坏和拉坏两种。剪坏的断裂面与底面约成45°角，拉坏是由于试样的纤维组织与压应力方向一致，压缩试验时试样横截面积增加，而横向纤维伸长超过一定限度而破断。

3）压缩试验时，试样端面存在很大的摩擦力，这将阻碍试样端面的横向变形（使试样呈腰鼓状），影响试验结果的准确性。试样高度与直径之比（L/d_0）越小，其端面摩擦力对试验结果的影响越大。为了减小试样端面摩擦力的影响，可增大 L/d_0 的比值。但 L/d_0 的比值也不宜过大，以免引起纵向失稳。

10.5.1　抗压强度的测定

1）试样压至破坏，从 $F\text{-}\Delta L$ 图上确定最大实际压缩力 F_{mc}（见图10-37），或从测力度盘读取最大力值。

2）对于塑性材料，根据 $\delta\text{-}\varepsilon$ 曲线在规定应变下，测定其抗压强度，在报告中应指明所测应力处的应变。

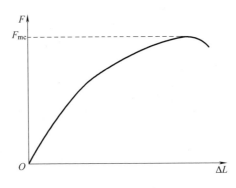

图10-37　图解法求 F_{mc}

10.5.2　压缩试样的破坏形式

进行压缩试验时，试样的破坏形式与材料的性质及端面的支承情况有关。对于塑性材料，在试验过程中仅作侧向扩张，即高度降低，断面扩大，形成鼓形或圆板状。对于脆性材料（如铸铁、高碳钢等材料），在压缩时，由于端面存在很大摩擦力，阻碍试样端面的横向变形，出现上下两端面小而中间凸的腰鼓形。图10-38所示为脆性材料在有端面摩擦和无端面摩擦时的破坏情况。压缩试验时，要设法减少端面摩擦的影响，以得到稳定的试验结果。为此，要求试样压头和端面加工表面粗糙度的值要小，试验时端面涂以润滑脂，还可以采用端面上带有蓄油槽的试样。

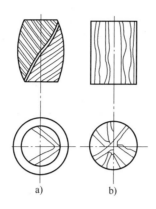

图 10-38　脆性材料端面摩擦力对压缩破坏的影响

a）有端面摩擦　b）无端面摩擦

10.6　弯曲性能

弯曲性能指材料承受弯曲载荷时的力学性能。

用脆性材料制造的刀具和机器零件，在使用过程中都会承受不同程度的弯曲载荷，对它们来说，弯曲试验具有特别重要的意义。弯曲试验主要用于测定脆性和低塑性材料（如铸铁、高碳钢、工具钢等）的抗弯强度和能反映塑性指标的挠度，还可用来检查材料的表面质量。弯曲试验在万能材料试验机上进行，有三点弯曲和四点弯曲两种加载方式。试样的截面有圆形和矩形两种，试验时的跨距一般为直径的 10 倍。对于脆性材料的弯曲试验，一般只产生少量的塑性变形即可破坏，而对于塑性材料则不能测出弯曲断裂强度，但可检验其延展性和均匀性。塑性材料的弯曲试验称为冷弯试验。试验时将试样加载，使其弯曲到一定程度，观察试样表面有无裂纹。此外，淬硬的工具钢、硬质合金、铸铁等进行试验时，由于试样太硬或者太小，难于加工成拉伸试样，或由于过脆，试验时试样中心轴线略有偏差就会影响试验结果的准确性，都不宜做拉伸试验，生产中常用弯曲试验评定上述材料的抗弯强度及塑性变形的大小。

脆性材料在做拉伸试验时变形很小就断裂了，因而塑性指标不易测定；但在弯曲试验时，用挠度表示塑性，就能明显的显示脆性材料和低塑性材料的塑性。

弯曲试验不受试样偏斜的影响，可以较好地测定脆性材料和低塑性材料的抗弯强度。进行弯曲试验时，试样表面上的应力分布不均匀，表面应力最大，因此对表面缺陷较敏感，所以常用来比较和鉴定渗碳热处理及高频淬火等表面处理工件的表面质量和缺陷。

三点弯曲试验和四点弯曲试验如图10-39和图10-40所示。

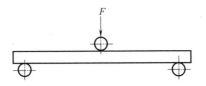

图 10-39　三点弯曲试验

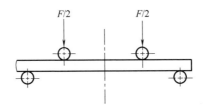

图 10-40　四点弯曲试验

10.7　剪切性能

金属材料承受大小相等、方向相反、作用线相近的外力作用时，抵抗与外力作用线平行的受剪面产生错动的能力，称为材料的剪切性能。

工程结构中有一些零件主要承受拉伸、压缩和弯曲等载荷作用，还有一些零件，如桥梁结构中的铆钉、销子等则主要承受剪力的作用（见图10-41），对这些零件所使用的材料要进行剪切试验，提供材料的抗剪强度作为材料的设计依据。

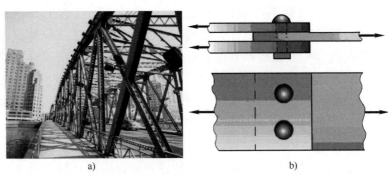

图 10-41　桥梁铆钉承受剪切力

a）桥梁　b）受剪切的铆钉

1. 双剪切试验

双剪切试验装置如图 10-42 所示，双剪切试验是以剪断圆柱状试样的中间段来实现的。

双剪切试验的特点是有两个处于垂直状态下的固定刀片。活动刀片（厚度大小为被剪切试样直径大小）平行地放置在试样上方，固定刀片都做成孔状，孔径等于试样直径，利用万能拉伸试验机便可开展双剪切试验。进行双剪切试验时，刀片应当平行、对中，剪切刀刃不应有擦伤、缺口或不平整的磨损。

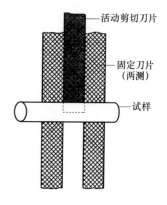

图 10-42 双剪切试验装置

2. 单剪切试验

单剪切试验夹具使用一个固定刀片，固定刀片中间带孔，如图 10-43 所示。活动刀片在图 10-43 所示平行面内移动时产生单剪切作用将试样剪断。

单剪切试验适合于测定因长度太短不能进行双剪切的紧固件的剪切值，包括杆长小于直径 2.5 倍的紧固杆件。单剪切试验的准确度低于双剪切试验，如果发现单剪切值有问题时，可以用双剪切值做校正。

3. 冲压剪切试验

剪切试验中更简单的方法是利用冲头—模具法直接从板材或带材中冲出一个小圆片的方法，如

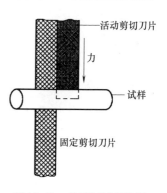

图 10-43 单剪切试验装置

图 10-44 所示，这种方法主要用于铝工业中厚度不大于 1.8mm 的材料。为了能获得规则的剪切边缘，冲压剪切试验值应低于双剪切试验值的 12% ~ 14%。

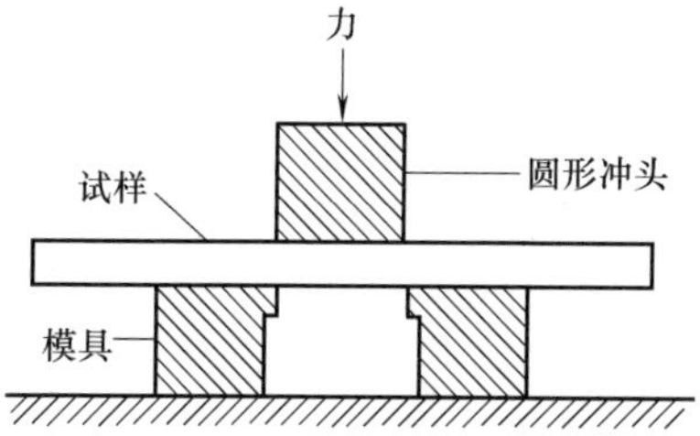

图 10-44 冲压剪切试验

10.8 疲劳性能

虽然零件所承受的交变应力数值小于材料的屈服强度，但在长时间运转后

因累积损伤而引起的断裂，称为疲劳断裂。据统计，机械零件断裂中有80%是由于疲劳引起的。图10-45所示为零件的疲劳断口。

图10-45　零件的疲劳断口

试验证明，金属材料所受最大交变应力 σ_{max} 越大，则断裂前所受的循环周次 N（定义为疲劳寿命）越少，这种交变应力 σ_{max} 与疲劳寿命 N 的关系曲线称为疲劳曲线或 S-N 曲线，如图10-46所示。一般钢铁材料的疲劳强度为 10^7 次，有色金属为 10^8 次。

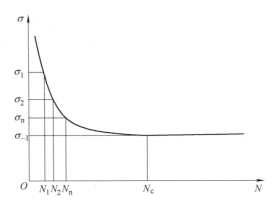

图10-46　疲劳曲线

工程上规定，材料经受相当循环周次不发生断裂的最大应力称为疲劳极限，以符号 σ_{-1} 表示。

对于疲劳试验，我国有国家标准 GB/T 12443—2007《金属材料扭应力疲劳试验方法》、GB/T 15248—2008《金属材料轴向等幅低循环疲劳试验方法》和 GB/T 6398—2000《金属材料疲劳裂纹扩展速率试验方法》。

第11章

金属材料的缺陷和无损检测

11.1 金属材料的缺陷

1. 缩孔

缩孔（见图11-1）是指铸件在冷凝过程中因收缩而产生的孔洞，形状不规则，孔壁粗糙，一般位于铸件的热节处。熔化金属在凝固过程中因收缩而产生的、残留在熔核中的孔穴，也称为缩孔。例如，在连铸方坯生产中，其横断面中心线附近出现一些直径大于3mm的孔洞。

图 11-1 缩孔

2. 疏松

疏松（见图11-2）是指铸件在相对缓慢凝固区出现的细小的孔洞，包括一般疏松和中心疏松两种，严重时表现为肉眼可见的断断续续的线痕。

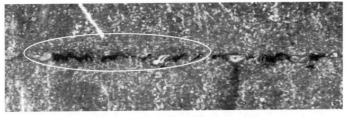

图 11-2 疏松

3. 气孔

铸件气孔（见图11-3）主要是由于金属熔液中含有过多的气体或者金属熔液中发生反应生成的气体无法有效地排出而生成的，主要有侵入性气孔、析出性气孔和反应性气孔三类。

图 11-3　气孔

4. 划伤

划伤（见图11-4）是指沿浇注方向连续或断续出现的线状、沟状的表面缺陷。划伤缺陷通常是连续贯通的，轻微的划伤深度一般为 1～2mm，严重的划伤深度一般为 4～6mm，在板坯上、下表面均可能出现。

图 11-4　划伤

5. 结疤

结疤（见图11-5）是指存在于材料表面上的不规则的重皮缺陷，常呈舌状、指甲状、块状和鱼鳞状等，外形极不规则，面积大小不一，覆盖于材料的宽面或窄面。在钢材上分布无规律，缺陷下面常有非金属夹杂物。

6. 轧疤

轧制过程中造成的黏结在材料表面上的金属薄片称为轧疤（见图 11-6）。其外形类似结疤，区别于结疤的主要特征是轧疤缺陷下面一般没有非金属夹杂或夹渣。

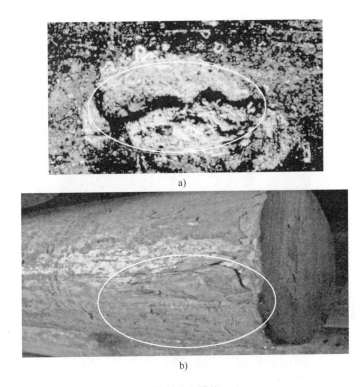

a)

b)

图 11-5 结疤

a) 铸坯表面结疤 b) 方圆钢表面结疤

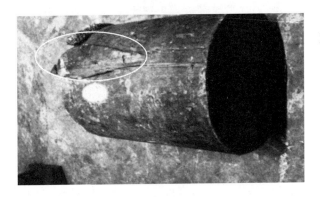

图 11-6 轧疤

7. 切割不良

指由于火焰切割枪烧嘴角度安装不当等原因造成的端面切割不平整、切斜严重或表面出现明显的切割沟槽。切割不良（见图 11-7）会造成标识打印不清，严重时导致材料局部报废。

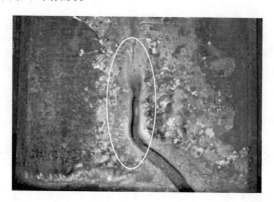

图 11-7　切割不良

8. 冷伤

冷态的方圆钢在输送、吊运、存放过程中产生的各种大小不一，深浅不同，无规律的伤痕称为冷伤（见图 11-8），其伤痕处一般较为光亮。

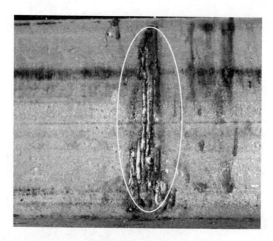

图 11-8　冷伤

9. 辊印（轧痕）

辊印（见图 11-9）是指在材料表面上，因轧辊损伤、黏有异物等在轧件上形成凸凹伤痕，也称轧痕。轧痕一般有一定的规律性，无金属撕裂现象。

10. 切割裂纹

中、高碳钢用火焰切割时在断面处出现的应力裂纹称为切割裂纹（见图 11-10）。

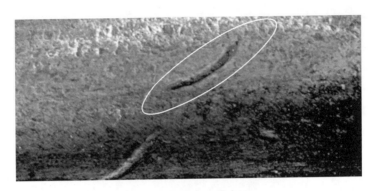

图 11-9 辊印（轧痕）

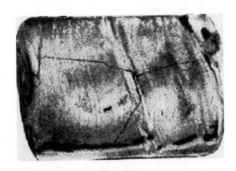

图 11-10 切割裂纹

11. 凹槽

连铸方坯表面沿纵向呈现出的连续或断续的沟槽称为凹槽（见图 11-11），其宽度和深浅不一，内常填充有保护渣。

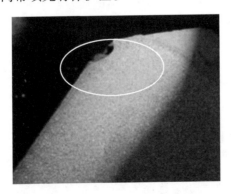

图 11-11 凹槽

12. 压痕

钢带表面无周期性分布的凹凸印迹称为压痕（见图 11-12）。

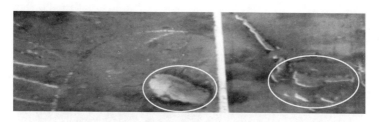

图 11-12　压痕

13. 接痕

沿连铸方坯四周方向或连铸板坯长度方向，某一截面上出现的重接痕迹称为接痕（见图 11-13），有些接痕部位还呈现重皮缺陷。

图 11-13　接痕

14. 过烧

过烧（见图 11-14）是指加热温度过高使材料局部沿晶界断裂，形成表面的横向裂口的缺陷，多出现在棱角处，如图 11-14 所示。金相观察时，因晶界被氧化而出现网格状的氧化物晶界。

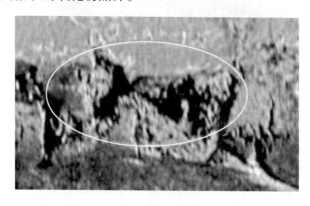

图 11-14　过烧

15. 切割渣

切割渣（见图 11-15）指火焰切割时燃气压力不足，造成切割后的熔化物堆积，如在连铸方坯下表面端部堆积的长条状切割熔融物等。

图 11-15　切割渣

16. 表面夹渣

嵌于板坯表面的非金属渣称为表面夹渣（见图 11-16）。表面夹渣无规则地分布在铸坯表面，其形状大小不一。表面夹渣多出现在换中间包后的第一块铸坯上，其他铸坯表面夹渣比较少见。

图 11-16　表面夹渣

17. 热扭

热扭是指沿长度方向各部分截面绕其纵轴角度不同的现象，如图 11-17 所示。在台架上，可见一端的一侧翘起，有时另一端也翘起，与台面成某一角度。扭转十分严重时，整根钢材甚至呈麻花形。

18. 弯曲

方圆钢纵向不平直的现象称为弯曲（见图 11-18）。按钢材的弯曲形状，呈镰刀形的均匀弯曲称为镰刀弯，呈波浪形的整体反复弯曲称为波浪弯，头部整体弯曲称为弯头。

图 11-17　热扭

19. 脱圆

脱圆（见图 11-19）是指圆形截面的轧材，如圆钢和圆形钢管的横截面直径不相等。

图 11-18　弯曲

图 11-19　脱圆

20. 耳子

指钢材表面沿轧制方向延伸的突起，耳子（见图 11-20）多为贯通状，也有局部或断续的，如图 11-20 所示。

图 11-20　耳子

21. 脱方（矩）

方形（矩形）截面的材料对边不等或截面的对角线不等，称为脱方（矩）（见图 11-21）。

22. 塔形

钢卷上下端不齐，外观呈塔状称为塔形（见图 11-22）。

图 11-21　脱方　　　　　　　　　　　　图 11-22　塔形

23. 浪形

沿钢带轧制方向呈现高低起伏的波浪形弯曲现象称为浪形（见图 11-23），根据分布的部位不同，分为中间浪、肋浪和边浪三种形式。

图 11-23　浪形

24. 瓢曲

在钢板或钢带长度及宽度方向同时出现高低起伏的波浪，使其成为瓢形或船形，称为瓢曲（见图 11-24）。

25. 鼓肚

铸坯的凝固壳由于受到内部钢液静压力的作用而鼓胀成凸面称为鼓肚（见图 11-25），缺陷表现为局部凸起，凸起部位凸出高度一般为 10～20mm，最高可达 60mm。

图 11-24　瓢曲

图 11-25　鼓肚

26. 错牙

钢材截面上、下两部分沿对称轴互相错开一定位置而呈现的金属凸缘称为错牙（见图 11-26）。

27. 分层

钢带断面出现连续或断续的线条状分离的现象称为分层（见图 11-27）。

28. 轧裂

因轧件温度低，在型钢表面产生横向开裂的现象称为轧裂（见图 11-28）。其裂纹宽而短，裂

图 11-26　错牙

纹内不光滑，很少有氧化铁皮，常呈弧形、人字形沿钢材长度方向连续分布。多产生在钢材的端部、边角处和弯曲变形较严重的部位。

图 11-27　分层

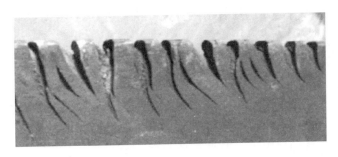

图 11-28　轧裂

29. 轧烂

带钢表面出现多层重叠或轧穿、撕裂等现象称为轧烂（见图 11-29）。

图 11-29　轧烂

11.2　金属材料的无损检测

前面所讲的力学性能都是对试样进行试验，而不是对物体本身进行试验所得到的。如果实物又大又贵重，就不能将其破坏进行试验。无损检测就是这样一种不破坏实物的检测方法。

无损检测（NDT）就是利用声、光、磁和电等特性，在不损害或不影响被检对象使用性能的前提下，检测被检对象中是否存在缺陷或不均匀性，给出缺陷的大小、位置、性质和数量等信息，进而判定被检对象所处技术状态（如合格与否、剩余寿命等）的所有技术手段的总称。

常用的无损检测方法有射线照相检测、超声波检测、磁粉检测和液体渗透检测四种。其他无损检测方法还包括涡流检测、声发射检测、热像/红外检测、泄漏试验、交流场测量技术、漏磁检测、远场测试检测等。

从事无损检测的人员需要接受专业的培训，获得资质后才能持证上岗。各个国家、区域、机构针对无损检测培训资质认证均有不同的要求，被培训的人员受训前应该了解清楚，选择合适的标准、机构进行相关的培训与考核。

11.2.1 无损检测的特点

（1）不损坏试件材质、结构　无损检测的最大特点就是能在不损坏试件材质、结构的前提下进行检测，所以实施无损检测后，产品的检查率可以达到100%。但是，并不是所有需要测试的项目和指标都能实施无损检测，无损检测技术也有其自身的局限性。某些试验只能采用破坏性试验，因此在目前无损检测还不能代替破坏性检测。也就是说，对一个工件、材料、机器设备的评价，必须把无损检测的结果与破坏性试验的结果互相对比和配合，才能做出准确的评定。

（2）正确选用实施无损检测的时机　在无损检测时，必须根据无损检测的目的正确选择无损检测实施的时机。

（3）正确选用最适合的无损检测方法　由于各种检测方法都具有一定的特点，为提高检测结果的可靠性，应根据设备材质、制造方法、工作介质、使用条件和失效模式，预计可能产生的缺陷种类、形状、部位和取向，选择合适的无损检测方法。

（4）综合应用各种无损检测方法　任何一种无损检测方法都不是万能的，每种方法都有自己的优点和缺点。应尽可能多用几种检测方法，取长补短。此外，在无损检测的应用中还应充分认识到检测的目的不是片面追求高质量，而是应在充分保证安全性和合适风险率的前提下着重考虑其经济性。

11.2.2 射线检测

按照射线的衰减规律，当射线穿过物体时，物体将对射线有吸收作用，由于不同的物质对射线的吸收作用不同，因此在底片上将形成不同黑度的图像，从而可从得到的图像对物体的状况作出判断。图 11-30 所示为射线检测基本原理。

X 射线与自然光并没有本质的区别，都是电磁波，只是 X 射线的光量远大于可见光。它能够穿透可见光不能穿透的物体，而且在穿透物体的同时和物质发生复杂的物理和化学作用，可以使原子发生电离，使某些物质发出荧光，还可以使某些物质发生光化学反应。如果工件局部区域存在缺陷，它将改变物体对射线的衰减，引起透射

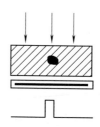

图 11-30　射线检测基本原理

射线强度的变化。这样，采用一定的检测方法，如利用胶片感光，来检测透射线强度，就可以判断工件中是否存在缺陷以及缺陷的位置、大小。X 射线检测机如图 11-31 所示。

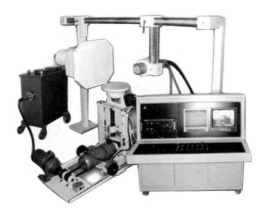

图 11-31　X 射线检测机

11.2.3　超声波检测

超声波检测是指通过超声波与试件相互作用，就反射、透射和散射的波进行研究，对试件进行宏观缺陷检测、几何特性测量、组织结构和力学性能变化的检测和表征（根据超声波的声强、角度、波形来判断缺陷的位置及状态）的技术。超声波检测仪如图 11-32 所示。

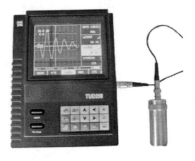

图 11-32　超声波检测仪

11.2.4　磁粉检测

一种利用漏磁和合适的检验介质发现试件表面和近表面不连续性的方法称为磁粉检测，图 11-33 所示为技术人员在进行磁粉检测工作。

当磁力线穿过铁磁材料及其制品时，在其磁性不连续处将产生漏磁场，形成磁极。此时撒上干磁粉或浇上磁悬液，磁极就会吸附磁粉，产生用肉眼能直接观察到的明显磁痕，可借助于该磁痕来显示铁磁材料及其制品的缺陷情况，在合适的光照下显示出不连续性的位置、大小、形状和严重程度，如图 11-34 所示。

磁粉检测可检测露出表面，用肉眼或放大镜不能直接观察到的微小缺陷，也可检测未露出表面，埋藏在表面下几毫米的近表面缺陷。虽然磁粉检测也能探查气孔、夹杂、未焊透等体积型缺陷，但对面积型缺陷更灵敏，更适于检查因淬火、轧制、锻造铸造、焊接、电镀、磨削、疲劳等引起的裂纹。

图11-33 技术人员在进行磁粉检测工作

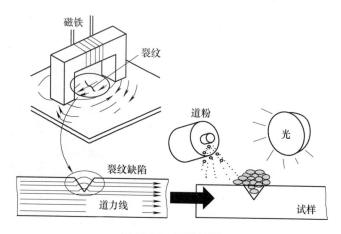

图11-34 磁粉检测

11.2.5 渗透检测

　　液体渗透检测是一种以毛细作用原理为基础，用于检测非多孔性金属和非金属试件表面上开口缺陷的无损检测方法。将溶有荧光（或着色）染料的渗透液施加在试件表面，由于毛细作用，渗透液能渗入各种表面开口的不连续区域内。清除附着在试件表面上多余的渗透液，经干燥并施加一薄层显像剂后，显像剂在毛细作用下将吸出渗入和滞留在不连续区域内的渗透剂，缺陷中的渗透液将回渗至试件表面，可得到一个清晰、易见和放大了的不连续的显示。在黑光（紫外光）或白光下观察，缺陷处可分别发出黄绿色的荧光或呈现红色，用目视检测就能得到其形状、大小、分布和性质情况，如图 11-35 所示。

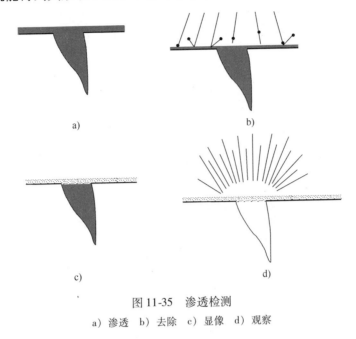

图 11-35　渗透检测

a) 渗透　b) 去除　c) 显像　d) 观察

　　液体渗透法检测可用于检测各种非多孔性固体材料制作的产品表面的裂纹、气孔、分层、缩孔、疏松、折叠、冷隔及其他表面开口缺陷，可广泛应用于检测有色金属和黑色金属的铸件、锻件、粉末冶金件、焊接件，以及各种陶瓷、塑料件及玻璃制品。适用于原材料、在制零件、成品零件和在役零件的表面质量检验。

11. 2. 6　涡流检测

　　涡流检测是以研究涡流与试件的相互关系为基础的一种常规无损检测方法。

　　当试件被放在通有交变电流的激励线圈中或其附近时，进入试件的交变磁场可在试件中产生方向与激励磁场相垂直的、呈旋涡状流动的感应电流（涡流），这种涡流会转而产生一个与激励磁场方向相反或相同的磁场，从而引起线圈阻抗发生变化。导体表面或近表面的缺陷，将会影响涡流的强度和分布，涡流的变化又会引起检测线圈电压和阻抗的变化，根据这一变化，可以推知导体中缺陷的存在。

　　涡流检测仪（见图 11-36）是涡流检测系统的核心部分。根据不同的检测对象和检测目的，研制出不同类型和用途的检测仪器。尽管各类仪器的电路组成和结构各不相同，但工作原理和基本结构是相同的。涡流检测仪的基本组成部分和工作原理是：激励单元的信号发生器产生交变电流供给检测线圈，放大单元将检测线圈拾取的电压信号放大并传送给处理单元，处理单元抑制或消除干扰信号并提取有用信号，最终显示单元给出检测结果。

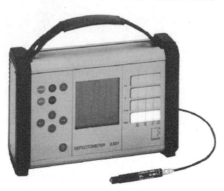

图 11-36　涡流检测仪

第 12 章

金属材料的理论质量计算方法

12.1 钢铁材料的理论质量计算方法

钢铁材料的理论质量计算公式见表 12-1。

表 12-1 钢铁材料的理论质量计算公式

钢材类别	理论质量 $m/(kg/m)$	备 注
圆钢、线材、钢丝	$m = 0.00617 \times 直径^2$	1）角钢、工字钢和槽钢的准确计算公式很烦琐，表列简式用于计算近似值
方钢	$m = 0.00785 \times 边长^2$	
六角钢	$m = 0.0068 \times 对边距离^2$	
八角钢	$m = 0.0065 \times 对边距离^2$	2）f 值：一般型号及带 a 的为 3.34，带 b 的为 2.65，带 c 的为 2.26
等边角钢	$m = 0.00785 \times 边厚（2 边宽 - 边厚）$	
不等边角钢	$m = 0.00785 \times 边厚（长边宽 + 短边宽 - 边厚）$	3）e 值：一般型号及带 a 的为 3.26，带 b 的为 2.44，带 c 的为 2.24
工字钢	$m = 0.00785 \times 腰厚 [高 + f（腿宽 - 腰厚）]$	
槽钢	$m = 0.00785 \times 腰厚 [高 + e（腿宽 - 腰厚）]$	
扁钢、钢板、钢带	$m = 0.00785 \times 宽 \times 厚$	4）各长度单位均为 mm
钢管	$m = 0.02466 \times 壁厚（外径 - 壁厚）$	

注：腰高相同的工字钢，如果有几种不同的腿宽和腰厚，需在型号右边加 a、b、c 予以区别，如 32a#、32b#、32c#等。腰高相同的槽钢，如果有几种不同的腿宽和腰厚也需在型号右边加 a、b、c 予以区别，如 25a#、25b#、25c#等。

12.2 有色金属材料的理论质量计算方法

有色金属材料的理论质量计算公式见表 12-2。

表 12-2 有色金属材料的理论质量计算公式

序号	名 称	计算公式		计算举例
1	纯铜棒	$m = 0.00698 \times d^2$	d—直径（mm）	直径100mm 的纯铜棒，其理论质量 = $0.00698 \times 100^2 \, kg/m = 69.8 kg/m$

（续）

序号	名　称	计　算　公　式		计　算　举　例
2	六角纯铜棒	$m = 0.0077 \times d^2$	d—对边距离（mm）	对边距离为 10mm 的六角纯铜棒，其理论质量 $= 0.0077 \times 10^2 \text{kg/m} = 0.77 \text{kg/m}$
3	纯铜板	$m = 8.89 \times b$	b—厚度（mm）	厚度 5mm 的纯铜板，其理论质量 $= 8.89 \times 5 \text{kg/m}^2 = 44.45 \text{kg/m}^2$
4	纯铜管	$m = 0.02794 \times S(D-S)$	D—外径（mm） S—壁厚（mm）	外径为 60mm、壁厚 4mm 的纯铜管，其理论质量 $= 0.02794 \times 4 \times (60 - 4) \text{kg/m} = 6.26 \text{kg/m}$
5	黄铜棒	$m = 0.00668 \times d^2$	d—直径（mm）	直径为 100mm 的黄铜棒，其理论质量 $= 0.00668 \times 100^2 \text{kg/m} = 66.8 \text{kg/m}$
6	六角黄铜棒	$m = 0.00736 \times d^2$	d—对边距离（mm）	对边距离为 10mm 的六角黄铜棒，其理论质量 $= 0.00736 \times 10^2 \text{kg/m} = 0.736 \text{kg/m}$
7	黄铜板	$m = 8.5 \times b$	b—厚度（mm）	厚 5mm 的黄铜板，其理论质量 $= 8.5 \times 5 \text{kg/m}^2 = 42.5 \text{kg/m}^2$
8	黄铜管	$m = 0.0267 \times S(D-S)$	D—外径（mm） S—壁厚（mm）	外径 60mm、壁厚 4mm 的黄铜管，其理论质量 $= 0.0267 \times 4(60 - 4) \text{kg/m} = 5.98 \text{kg/m}$
9	铝棒	$m = 0.0022 \times d^2$	d—直径（mm）	直径为 10mm 的铝棒，其理论质量 $= 0.0022 \times 10^2 \text{kg/m} = 0.22 \text{kg/m}$
10	铝板	$m = 2.71 \times b$	b—厚度（mm）	厚度为 10mm 的铝板，其理论质量 $= 2.71 \times 10 \text{kg/m}^2 = 27.1 \text{kg/m}^2$
11	铝管	$m = 0.008796 \times S(D-S)$	D—外径（mm） S—壁厚（mm）	外径为 30mm、壁厚为 5mm 的铝管，其理论质量 $= 0.008796 \times 5 (30 - 5) \text{kg/m} = 1.1 \text{kg/m}$
12	铅板	$m = 11.37 \times b$	b—厚度（mm）	厚度 5mm 的铅板，其理论质量 $= 11.37 \times 5 \text{kg/m}^2 = 56.85 \text{kg/m}^2$
13	铅管	$m = 0.355 \times S(D-S)$	D—外径（mm） S—壁厚（mm）	外径 60mm、壁厚 4mm 的铅管，其理论质量 $= 0.355 \times 4(60 - 4) \text{kg/m} = 7.95 \text{kg/m}$

第 13 章

金属材料的交货状态和储运管理

13.1　金属材料的交货状态

13.1.1　钢铁材料的交货状态

钢铁材料的交货状态见表 13-1。

表 13-1　钢铁材料的交货状态

名　　称	说　　明
热轧状态	钢材在热轧或锻造后不再对其进行专门热处理，冷却后直接交货的状态，称为热轧或热锻状态 热轧（锻）的终止温度一般为 800～900℃，之后一般在空气中自然冷却，因而热轧（锻）状态相当于正火处理。不同之处在于热轧（锻）终止温度有高有低，不像正火加热温度控制严格，因而钢材组织与性能的波动比正火大。目前不少钢铁企业采用控制轧制，由于终轧温度控制很严格，并在终轧后采取强制冷却措施，因而钢的晶粒细化，交货钢材有较高的综合力学性能。无扭控冷热轧盘条比普通热轧盘条性能优越就是这个道理 热轧（锻）状态交货的钢材，由于表面覆盖有一层氧化铁皮，因而具有一定的耐蚀性，储运保管的要求不像冷拉（轧）状态交货的钢材那样严格，大中型型钢、中厚钢板可以在露天货场或经苫盖后存放
冷拉（轧）状态	经冷拉、冷轧等冷加工成形的钢材，不经任何热处理而直接交货的状态，称为冷拉或冷轧状态。与热轧（锻）状态相比，冷拉（轧）状态的钢材尺寸精度高、表面质量好、表面光滑，并有较高的力学性能 由于冷拉（轧）状态交货的钢材表面没有氧化皮覆盖，并且存在很大的内应力，极易遭受腐蚀或生锈，因而冷拉（轧）状态的钢材，其包装、储运均有较严格的要求，一般均需在库房内保管，并应注意库房内的温湿度控制
正火状态	钢材出厂前经正火热处理，这种交货状态称正火状态。由于正火加热温度〔亚共析钢为 $Ac_3 + (30\sim50)℃$，过共析钢为 $Ac_{cm} + (30\sim50)℃$〕比热轧终止温度控制严格，因而钢材的组织、性能均匀。与退火状态的钢材相比，由于冷却速度较快，钢的组织中珠光体数量增多，珠光体层片及钢的晶粒细化，因而有较高的综合力学性能，并有利于改善低碳钢的魏氏组织和过共析钢的网状渗碳体，可为成品的进一步热处理做好组织准备。碳素结构钢、合金结构钢钢材常采用正火状态交货。某些低合金高强度钢，如 14MnMoVBRE、14CrMnMoVB 钢为了获得贝氏体组织，也要求正火状态交货

（续）

名　称	说　明
退火状态	钢材出厂前经退火热处理，这种交货状态称为退火状态。退火的目的主要是为了消除和改善前道工序遗留的组织缺陷和内应力，并为后道工序作好组织和性能上的准备 合金结构钢、保证淬透性结构钢、冷镦钢、轴承钢、工具钢、汽轮机叶片用钢、铁素体型不锈耐热钢的钢材常用退火状态交货
高温回火状态	钢材出厂前经高温回火热处理，这种交货状态称为高温回火状态。高温回火的回火温度高，有利于彻底消除内应力，提高塑性和韧性，碳素结构钢、合金结构钢、保证淬透性结构钢钢材均可采用高温回火状态交货。某些马氏体型高强度不锈钢、高速工具钢和高强度合金钢，由于有很高的淬透性以及合金元素的强化作用，常在淬火（或正火）后进行一次高温回火，使钢中碳化物适当聚集，得到碳化物颗粒较粗大的回火索氏体组织（与球化退火组织相似），因而，这种交货状态的钢材有很好的切削加工性能
固溶处理状态	钢材出厂前经固溶处理，这种交货状态称为固溶处理状态。这种状态主要适用于奥氏体型不锈钢材出厂前的处理。通过固溶处理，得到单相奥氏体组织，以提高钢的韧性和塑性，为进一步冷加工（冷轧或冷拉）创造条件，也可为进一步沉淀硬化做好组织准备

13.1.2 有色金属材料的交货状态

有色金属材料的交货状态见表13-2。

表13-2　有色金属材料压延材的交货状态

序　号	交货状态		说　明
	名　称	代　号	
1	软状态	M	表示材料在冷加工后，经过退火。这种状态的材料，具有塑性高而强度和硬度都低的特点
2	硬状态	Y	这种状态的材料，是在冷加工后未经退火软化的。它具有强度、硬度高而塑性、韧性低的特点。有色金属材料还具有特硬状态，代号为T
3	半硬状态	Y_1、Y_2、Y_3、Y_4	半硬状态介于软状态和硬状态之间。表示材料在冷加工后，有一定程度的退火。半硬状态按加工变形程度和退火温度的不同，又可分为3/4硬、1/2硬、1/3硬、1/4硬等几种，其代号依次为Y_1、Y_2、Y_3、Y_4
4	热作状态	R	表示材料为热挤压状态。热轧和热挤是在高温下进行的，因此，在加工过程中不会发生加工硬化。这种状态的材料，其特性与软状态相似，但尺寸允许偏差和表面精度要求要比软状态低

注：根据GB/T 16475—2008的规定，对于变形铝及铝合金，软状态用O表示，硬状态用H×8表示，3/4硬用H×6表示，1/2硬用H×4表示，1/4硬用H×2表示，热处理状态用H112、T1或F表示。

13.2　金属材料的储运管理

13.2.1　钢铁材料的储运管理

钢铁材料的储运管理见表13-3。

表 13-3　钢铁材料的储运管理

名　　称	说　　明
选择适宜的场地和库房	1）保管钢材的场地或仓库应该清洁干净、排水通畅，远离产生有害气体或粉尘的厂矿，并清除杂草及一切脏物。一般采用普通封闭式库房，有房顶和围墙，门窗严密，有通风装置。晴天注意通风，雨天注意关闭防潮 2）不与酸、碱、盐、水泥等对钢材有侵蚀性的材料堆放在一起 3）大型型钢、钢轨、厚钢板、大口径钢管等可以露天堆放 4）中小型型钢、盘条、中口径钢管、钢丝及钢丝绳等，可在通风良好的料库内存放；一些小型钢材、薄钢板、钢带、硅钢片、小口径或薄壁钢管、各种冷轧及冷拔钢材，以及价格高、易腐蚀的金属制品，可入库存放
合理堆码、先进先发	1）在码垛稳固、确保安全的条件下，做到按品种、规格码垛，不同品种的材料要分别码垛，防止混淆和相互腐蚀。并且，不在垛位附近存放对钢材有腐蚀作用的物品 2）垛底应垫高、坚固、平整，防止材料受潮或变形，同种材料按入库先后分别堆码，便于执行先进先发的原则 3）露天堆放的型钢下面必须有木垫或条石，垛面略有倾斜，以利排水，并注意材料安放平直，防止造成弯曲变形。在垛与垛之间应留有一定的通道，工字钢应立放，钢材的槽面不能朝上，以免积水生锈
保护材料的包装和保护层	钢材出厂前涂防腐剂或有其他包装是防止材料锈蚀的重要措施，在运输装卸过程中须注意保护，不能损坏，因其可延长材料的保管期限
保持仓库清洁、加强材料养护	1）材料在入库前要注意防止雨淋或混入杂质，对已经淋雨或弄污的材料要按其性质采用不同的方法擦净，如硬度高的可用钢丝刷，硬度低的用布、棉等 2）材料入库后要经常检查，如有锈蚀，应清除锈蚀层 3）一般钢材表面清除干净后，不必涂油，但对优质钢、合金薄钢板、薄壁管、合金钢管等，除锈后其内外表面均需涂防锈油后再放 4）对锈蚀较严重的钢材，除锈后不宜长期保管，应尽快使用

13.2.2　有色金属材料的储运管理

有色金属材料的储运管理见表 13-4。

表 13-4　有色金属材料的储运管理

名　　称	储运注意事项
铜材	1）铜材应按成分、牌号分别存放在清洁、干燥的库房内，不得与酸、碱、盐等物资同库存放 2）铜材如在运输中受潮，应用布拭干或在日光下晒干后再行堆放 3）库房内要通风，调节库内的温度、湿度，一般要求库内温度保持在 15~30℃，相对湿度保持在 40%~80% 为宜 4）电解铜因带来未洗净的残留电解质，所以不能与橡胶和其他怕酸材料混放一起 5）由于铜质软，搬运堆垛时应避免拉、拖或摔、扔、磕、碰，以免损坏或弄伤表面 6）如发现有锈蚀时，可用抹布或铜丝刷擦除，切勿用钢丝刷，以防划伤表面，也不宜涂油 7）对于线材，无论锈蚀轻重，原则上一律不进行除锈或涂油。如属沾染锈，则在不影响线径要求时，对铜材除锈，然后用防潮纸包好 8）锈蚀严重的，除了进行除锈外，还要隔离存放，且不宜久储。若发现锈蚀裂纹，则应立即从库中清出

（续）

名　　称	储运注意事项
铝材	1）按 GB/T 3199—2007 的规定，经验收合格的产品应保管在清洁干燥的库房内，且不受雨、雪浸入，库房内不应同时储存活性化学物资（如酸、碱、盐等）和潮湿物品。未经雨水侵入的油封的产品可在防腐期内妥善储存，超过防腐期的或不涂油的产品，若需长期储存，则应重新涂油 2）对表面质量较高的铝材，如薄板、薄壁管、小型材等的表面要涂油，在保管条件较好或作短期存放时也可不涂油 3）铝材如暂时不用，以原包装保管。拆包后，要用防锈纸包裹 4）铝材的保管要特别注意铝板，由于铝性质软，搬动时要防止擦伤。受潮铝板不宜揩拭，宜用日光晒，潮湿铝板不能堆放 5）铝材如发生锈蚀，可用浮石、棉纱头或洁净碎布擦除后，加涂工业凡士林，但不宜长期存放 6）无论是经水路、铁路或公路运输，均应防止雨淋、雪侵，以及其他有腐蚀性介质的侵入或渗入。不准用运送过酸类、碱类或其他化学物质并留有气味的车辆运送铝材
镁	1）镁在空气中极易氧化，生成氧化膜。受潮及酸、碱、盐类侵染，即向深处腐蚀，蔓延甚快。高纯度镁在空气中能引起燃烧。镁锭需在密闭的铁、铝桶内保管，并远离火源 2）镁锭应定期检查，发现表面白斑粉化或有麻点时，应将镁锭浸入热碱水及重铬酸盐溶液中，将腐蚀氧化物清洗干净后涂上工业凡士林、石蜡或防腐油 3）不宜长期保管。应注意先进先出，码垛分清牌号和等级
镍	1）镍的化学性质比较稳定，保管时避免与酸、碱物质接触，也不得与铅锭或锡锭混杂 2）按品种、批号和牌号分别存放。有浮锈斑点不宜涂油，用抹布擦去即可
锌	1）锌易与酸、碱、盐化合而变质，与木材的有机酸接触后能破坏表面，因此，不宜与酸碱和湿木材共存放 2）锌质硬而脆，搬运时避免碰撞。发运时不作包装。存放库内时应按品种和牌号分别保管
铅材	1）铅板遇潮或接触二氧化碳，生成氧化膜，用抹布擦去即可，不宜涂油 2）铅材虽耐硫酸侵蚀，但不耐碱和其他酸类物质，应避免接触 3）铅管质软，承受压力过大容易压扁，因此，码垛时不宜过高。要求在收发操作时轻拿轻放，严格避免碰伤、压伤和刮伤 4）无包装的铅卷板，在装卸过程中应加衬垫物，防止卷边、碰撞、撕裂和划伤外皮
锡	1）每批锡锭应整齐堆放，不得与其他批锡锭互相混杂 2）库房内最低温度不得低于 –15℃，因为锡在低温时，特别是 –20℃以下，内部组织会变化，表面起泡膨胀，质地逐渐变松，最后分裂为粒状或变成粉末，称为锡疫 3）保管时，如发现锡锭有腐蚀迹象时，应将好的锡锭与腐蚀的锡锭分开堆放，同时细心清除所有腐蚀的锡锭并重加熔炼。可用松香或氯化铵作覆盖剂重熔，缓慢冷却使之恢复原状
锑	1）可在普通库房内保管，但是不能与酸、碱和盐类接触存放 2）如发现锈蚀，可用抹布擦去浮锈及除去垢尘，但不宜涂油 3）锑的性质硬脆，易碎为粉屑状，装卸搬运时需要注意

参 考 文 献

[1] 技能士の友编集部. 金属材料常识 [M]. 李用哲，译. 北京：机械工业出版社，2009.
[2] 中国机械工程学会热处理学会. 热处理手册：1~4 卷 [M]. 4 版. 北京：机械工业出版社，2008.
[3] 刘鸣放，刘胜新. 金属材料力学性能手册 [M]. 北京：机械工业出版社，2011.
[4] 崔忠圻，覃耀春. 金属学与热处理 [M]. 2 版. 北京：机械工业出版社，2007.
[5] 祝燮权. 实用金属材料手册 [M]. 3 版. 上海：上海科学技术出版社，2008.
[6] 刘贵民，马丽丽. 无损检测技术 [M]. 2 版. 北京：国防工业出版社，2010.
[7] 宋金虎，胡凤菊. 材料成型基础 [M]. 北京：人民邮电出版社，2009.
[8] 孙玉福. 新编有色金属材料手册 [M]. 北京：机械工业出版社，2009.
[9] 刘胜新. 新编钢铁材料手册 [M]. 北京：机械工业出版社，2010.
[10] 王英杰，张芙丽. 金属工艺学 [M]. 北京：机械工业出版社，2010.
[11] 唐世林，刘党生. 金属加工常识 [M]. 北京：北京理工大学出版社，2009.
[12] 潘继民. 神奇的金属材料 [M]. 北京：机械工业出版社，2014.
[13] 陈加福，陈永. 不可不知的化学元素知识 [M]. 北京：机械工业出版社，2013.
[14] 田中和明. 金属全接触 [M]. 乌日娜，译. 北京：科学出版社，2011.